From

Drama to Truth

———————

走　　出　　剧　　情

———————————————————————

李

雪

————

著

北京联合出版公司
Beijing United Publishing Co.,Ltd.

目 录　CONTENTS

序

放下剧本里的纠葛

1

剧情里没有爱

2

清醒地活在真相中

3

不与真相较劲

4

回到内在中心

5

当下就要幸福

放下剧本里
的纠葛

我在文章中经常提到"剧情"这个词。剧情，是我们内在关系模式的对外展现。心理学所说的内在关系模式，即是我们内心的剧本。剧本里的人物形象、人物之间的基本关系模式已经设定好。在我们的潜意识里，存在着许多剧本。这些剧本是童年经历内化到心里形成的。在生理上，它们已经形成脑神经回路，成了细胞记忆。所以，我们成年后的人生，大多也是照着剧本一遍又一遍地重复那些熟悉的体验。

一个人的心理健康程度，可以从一个角度来衡量：他能多大程度地走出剧情，看见真实的外界。有的人虽然潜意识里已经设定好剧情，但也能够根据真实的外界情况加以修正，即不过度执着于剧情；有的人则极其执着于自己的某些剧情，不愿意修正，无法看到真实的他人—— 这就是所谓的"全封闭自体"。

那些陷于全封闭自体的人，会要求周围的人，尤其是家人，统统乖乖接受自己的人物设定。如果对方不肯按照剧本扮演，他就会勃然大怒，威逼利诱其回到既定的角色中，而威逼利诱的方式，往往不惜伤害自己和对方。

有一个经典的例子。一位网友说自己从小体弱，他跟妈妈之间的对话通常是这样的：

妈妈：你身体怎么样了？

孩子：不太好。

妈妈：既然不好，就要注意休息，加强锻炼，饮食也要规律一些。把身体搞好，妈妈才能放心，知道了吗？

孩子每次接到这样的电话，都会觉得妈妈关心自己，但又隐隐感到哪里不对劲儿。可是周围的亲人朋友都说："你从小就体弱多病，你妈妈照顾你多不容易，为你的健康操碎了心，看看妈妈对你多好！"后来，孩子努力调整作息和饮食，积极调养身体。等妈妈再打电话过来，孩子说自己现在吃营养健康的食物，做各种运动，身体越来越好，不大生病。本以为妈妈会开心，没想到她却勃然大怒，痛斥孩子不该这么吃、不该那样练，总之没有一点儿做得对。

这位妈妈为什么会勃然大怒？因为孩子居然不肯再扮演她设定好的那个体弱多病的角色了。如果孩子不再继续扮演下去，妈妈还怎么扮演那个为照顾孩子牺牲自己、无私奉献的伟大角色？戏演不下去了，妈妈很生气。

这个例子很容易理解——剧情里没有爱。

在剧情中，妈妈对孩子的照顾并非出于爱孩子，她爱的只是那个高尚的付出者角色。连真实的孩子都看不见，何谈去爱他？所以我们经常看到这种情况：如果一个家庭里有位特别标榜为所有成员牺牲自我的母亲，那么这家的孩子或父亲往往体弱多病，甚至短命。有一个极端的新闻案例，美国的一位单亲妈妈通过下药、心理暗示等方式，活生生地把健康的女儿弄成了只能坐轮椅的残障。她用心照顾女儿，付出一切，把自己塑造成励志榜样，赢得所有人的称赞。后来，这个女儿因亲手杀死妈妈而入狱，然而在监狱里，她变成了一个健康的孩子。

当然大部分家庭没有这么极端，我们来看一些生活中常见的场景。一个人凭借自己的努力找到喜欢的工作，他父母居然跑到公司跟老板说：我的孩子还小，不懂事，请你多照顾他。结果老板把孩子开除了。还有的新闻报道，老母亲不辞辛劳，为了给儿子占车位，在太阳下暴晒几个小时。在这类例子里，父母都是一心为孩子操心的付出者，而孩子则被迫扮演无能又缺德的角色，不得不承受这种关系模式下的羞耻感、愧疚感。

这样的剧情总结成一句话就是：父母要做有能力的付出者，为此孩子必须成为无能的索取者。

"为了你好"是一种攻击，而不是爱。

小说中也常见这样的桥段：父母为孩子付出一切，但当孩子不听从安排时，父母就会捶胸顿足，呼天抢地："当我们没生过你这个逆子！""从此不要再踏进家门半步！"接着咳出一口老血，众人连忙上前搀扶、宽慰。这就相当于在说：你破坏了我的剧情，所以我要收回对你全部的爱，并不惜毁掉自己的身体，也要用道德来胁迫你继续服从我的角色安排。

剧情里没有真实的爱，那么同样地，剧情里也没有真实的恨。在美国西部片里常见到"真实的恨"：你侵犯我的土地、欺凌我的女人，我就追杀你到天涯海角，血债血偿。但剧情中的恨，通常是投射的恨，也就是说，恨错了对象。

剧情里没有真实的爱与恨，然而被拉入剧情的孩子却会真的把角色认同成自己。比如，孩子无法理解，那个为他付出一切、自我牺牲的妈妈，其实只是醉心于她的自我感动。孩子会真的以为亏欠妈妈很多，于是一辈子也不敢幸福，好像只有过得苦哈哈的，才能表达对妈妈的忠诚。

再比如，被父母仇恨的孩子，往往无法理解父母的恨与自己无关，无论自己做得好不好，父母都会恨自己。孩子总是想：如果我再努力一点，做得更好一些，对父母付出更多，就能得到父母的爱。这样的信念驱使孩子一次又一次陷入悲惨的轮回。有的孩子会选择自暴自弃，认定自己只配被所有人羞辱和厌弃。

既然剧情里没有真实的爱与恨，我们便无须再纠结于过去剧本里的爱恨纠葛：没有什么需要被证明，也没有什么需要去原谅。

佛说，放下屠刀，立地成佛。心理学说，放下头脑中的剧本，试着去看见真实的自己、真实的对方。当我们彼此看见的一刹那，爱就发生了。

剧情里没有爱

01

—

允许每个人
如他所是

当我们陷入套路中时，可以问自己：
我为何会陷入这个剧情？
为何总是扮演对方剧本中的角色？
如果一个人会陷入别人的剧情，一定是因为他内心也有一个类似的剧本。

如果你的生活中有这么一个人，只要与他相处，就会被激发各种强烈的情绪、无数的纠缠和痛苦的感觉，那么这个人就是你的灵魂伴侣——专门"修理"你的人。不，专门"引导"你修行的人。

　　我们每个人都有自己内在的关系模式，也就是我常常提到的"剧情"。以一个经典的剧情为例，中国父母经常跟孩子说：我为你付出了一切，我活着都是为了你，这点儿小事你都不听我的？面对这种付出感特别强的父母，孩子会感到内疚，继而愤怒，特别想冲着父母大喊：求求你们，不要再为了我，请你们为自己而活好不好？父母听到孩子如此"绝情"的呐喊，心里也会特别委屈：你这狼心狗肺的东西，我为你做了这么多，我还错了吗？我真是命苦！这一剧情就是利用道德资本使对方感到内疚，然后利用内疚来控制对方的经典套路。

　　活在充满付出感的道德资本中的人，其实并不爱对方。也就是说，如果父母一辈子陶醉于为孩子付出一切的道德感中，意味着他们没有真正爱过孩子。真实有爱的关系里没有或很少有付出感。

　　缺乏爱的付出者，他的付出经常不是出于对方的真实需要。好比你想吃苹果，别人送你一筐梨，你要不要？若你不要这筐梨，你会不会对送梨的人感到内疚？其实付出者一直在自编自导自演，看不到对方的真实需要，却以为自己的付出是在爱对方。

　　男人和女人之间也有一个常见的剧情，有些男人不太会捍卫自己的利益，扮演"老好人"的角色，而女人总是忍不住想去保护男人，替他争取利益。周围的人，甚至包括这个男人，都来指责女人：你这个人怎么这么斤斤计较、心胸狭窄？女人自己也很纳闷：本来我是个挺大方的人，为什么结婚之后越来越计较利益？——这是个套路。表面上看似大方甚至无欲无求的男人，其实并非如此。他的内心可能仍然不成熟，索取感一旦被激发就将铺天盖地、没有边界。男人特别害怕不成熟显现出来，为了防御，反而反向去扮演一个无欲无求的人（心理学上称作"反向形成"的防御机制）。男人越表现得无欲无求，女人越想帮他捍卫利益，程度上是"对称"的。

还有一个剧情，能涵盖中国至少一半的婚姻关系。男人脾气温和，特别宽容，好像对什么都没有意见，怎么着都行。当冲突发生时，男人会回避冲突，沉默不语，而女人脾气则越来越大，情绪越来越激烈，说话嗓门特别高。所有人都说女人是悍妇，"也就她丈夫脾气那么好才受得了她"。男人也会指责她：你怎么总惹事，总有那么多情绪，就不能控制一下自己？看看，就是你，让我们家矛盾重重，不得安宁。

这个套路是怎么回事呢？其实，男人的内在有着火山般的愤怒，这种自恋性暴怒无边无际，只要别人稍不合他意就恨得咬牙切齿，恨不得毁了对方。这么强的攻击性，一定不能让它显现出来，所以要拼命地压抑，最后反向形成一个表面温和宽容、对什么都不在乎的人。然而女人却把男人的不成熟承接了过来，去扮演它，导致脾气越来越大，为一点儿小事争吵计较。当女人从这个套路中觉醒，重新选择一个真爱自己，又能够捍卫界限的男人，原来的悍妇会秒变得柔情似水。

我自己就经常被套，每当别人恶意地定义我、揣测我，往我身上泼脏水的时候，比如"李雪，你就是一个××的人"，用很负面的词评价我：自私自利、心里只有自己、见不得别人好、害人精……我的第一反应是马上自我检讨，反思自己哪里做错了。可是想来想去，我没有做错啊，我不是他们说的那么坏的人啊，觉得特别委屈，追着对方解释：你误解我了，我不是你想的那样，真实的我是……这个画面就好像我在大街上走得好好的，突然过来一个人指着我说"你是个贼"，然后我使劲儿解释"我不是贼，我是好人"，恨不得翻出自己小学时的三好学生奖状给他看。非常可笑对不对？然而这样可笑的剧情却困住了我很多年。

当我们陷入套路中时，可以问自己：我为何会陷入这个剧情？为何总是扮演对方剧本中的角色？如果一个人会陷入别人的剧情，一定是因为他内心也有一个类似的剧本。比如，我童年的时候，妈妈有被害妄想症，她会把生活中的任何不如意、任何挫折和意外，都归结于我，甚至连出门崴了脚，她都会说"就是因为你一定要出门，我才会崴脚，你就是不想我好"。所以，我从小就是"背黑锅小能手"，背妈妈扔过来的所有黑锅，承受她泼过来的所有脏水。那时我很痛苦，常常会想：如果我能跟妈妈解释清楚，我不是坏人，没有恶意，妈妈就会给我笑脸，就会爱我了——这是童年的我幻想母爱的唯一方式，所以我对这个方式特别执着。成年之后，只要遇到别人恶意揣测我，我的剧情就会立刻启动，那股执着的能量使劲儿拽着我，一定要去跟别人解释，一定要逼着别人看到真实的我并没有恶意。你看，这剧情多荒诞，可悲又可怕。

看到别人不能捍卫自己的利益，就想冲上去保护他，这个剧情也控制了我很多年。因为在我小时候，妈妈总向我诉苦，说她是付出最多、最苦、最累，却得到利益最少的那个可怜人，想争取点儿什么都不敢，苦大仇深得如同"宇宙第一受害者"。于是小小年纪的我，很想保护妈妈，替她解决所有问题。当然，我肯定没有这个能力，只能幻想有一天自己强大了，能够保护妈妈，她就不会再受苦，我就能得到妈妈的笑脸了。这个妄想一直驱动着我，只要遇到有受害者情结的人，我就会主动冲上去保护他。

事实上，别人并不需要我保护，但我就是要冲上去，结果我便成了被指责"斤斤计较、心胸狭窄、自私自利"的坏女人。我为什么会执着于这个剧情呢？因为我心里还是那个可怜的幻想母爱的孩子，但真相却是：我妈妈不爱我，因为她根本没有能力爱我，无论我怎么表现，她都不可能爱我。这个真相太残酷了，残酷到幼小的我无法直面它，所以必须幻想各种剧情：将来我做到××，妈妈就爱我了；假如我优秀能干，妈妈就爱我了……这些幻想的剧情像木马程序一样植入我的潜意识，让我成年以后的人生总是跳进类似的陷阱，拦都拦不住。可想而知，这些剧情注定了我的人生充满痛苦和悲剧。

我其实不比谁智慧，也不比谁成长得快，只是自己跳过的坑太多，然后鼻青脸肿、灰头土脸地从坑里探出半个脑袋来，告诉大家这个坑是怎么形成的，希望大家不要像我一样再掉进去。所谓的智慧，就是坑跳多了得出的经验而已。

那么，怎么才能解套呢？解套确实很不容易，因为童年潜意识中的剧情套路不仅是心理层面的，甚至是生理层面的。剧情一旦形成脑神经回路，全身的经络记忆，就已经显化成客观物质世界，改变起来着实不易。就像河道已经被水流冲击形成，新汇入的水都会按照原有河道流动。水是我们的情绪感知，河道则是惯性剧情。而"放下屠刀，立地成佛"好比地壳运动瞬间改变了河道。

解套是一个身心共同淬炼、涅槃重生的过程。大部分人做不到一念成佛，只能靠一次又一次的自我觉知来让河流改道，每次觉知就好比铲一铲子土，日积月累，庞大的河道终究会被改变。

在解套的过程中，有一点尤其需要注意：当你发现自己又要重蹈覆辙的时候，不要指责自己，埋怨自己"怎么这么蠢，又跳坑了"，而应该表扬和鼓励自己："好棒啊，我终于觉察到这个坑了，这就是一次跨越性的成长，非常棒的觉知。"哪怕你已经跳进坑里，也要允许自己在坑里，同时觉察为何会跳进去，觉察跳进去的感受，觉察鼻青脸肿的感觉。这些觉知会慢慢培养出观察者的距离感。也就是说，最初你扮演这个剧情角色时是百分之百投入的，你跟角色完全一体，而觉知会让你慢慢后退，百分之九十、百分之八十……你会知道：这些角色确实在我身上存在，但那不是我；我可以更自由地选择，我的存在要比所有剧情宽广得多，人格也越来越宽广。就这样一步一步，慢慢地跳出来。

可能有人会问：我跳出来了，对方没跳出来怎么办？比如，我的父母还是一见我就各种付出，炫耀道德资本；我的丈夫还是很懦弱，不敢去争取利益，怎么办？

这个时候，我们需要做的重要而艰难的功课是——允许。活在真相中，承认真相，允许每个人如他所是。允许父母没有自我，整天活在付出感中；允许丈夫看上去懦弱，不能捍卫自己的利益；允许别人恶意地定义自己。这些其实都只是他们自己的剧情而已，可能我们看着会觉得他们很苦，那就允许他们受苦，受苦也是他们的权利。

这就是界限，界限即自由。当我们能够尊重每个人的界限时，就获得了真正的自由。如果我们真的想帮助对方，方法一定不是进入对方的剧情去扮演角色，或者硬把他拽出来。我们能做的最好的帮助就是尊重他，如他所是，活好自己。或许，当我们活好了自己，从套路中解脱出来，就等于给对方做了一个好的示范，让他看到自己也有跳出剧情的可能。先让自己获得自由，先为自己创造丰盛的人生体验，这是我们能为亲人朋友做的最好的事情。

02

—

做自己的
解套人

允许父母按照他们的意愿过一生，
允许自己按照自己的喜好过一生，
就是对父母、对自己最大的慈悲。

当人的内心痛苦大到难以忍受的时候，就会追求心理成长，参加各种课程。我几乎把国内外各种流派的课程都学了一遍，这个过程对我的成长帮助很大，但也导致我走过很多弯路（比如向外寻求精神支柱）。还好，最终我回到了自己的初心。正如王阳明所说，心外无物，心外无法，此心即佛。

　　成长修行的过程中，有哪些常见的陷阱呢？

　　第一个，威胁——"如果你不按照这个流派认为正确的理论来生活，你就会遭遇不幸"。比如家庭系统排列①，可以快速呈

---

① 家庭系统排列：由德国心理治疗师海灵格研究发展的一种家庭治疗方法。通过角色代表及互动呈现，探讨人们面临的心灵困境。

现家庭内部动力。我很喜欢这个工具，但有些人却把它用歪了，变成对学员的控制和胁迫。有的工作坊要求学员必须按照家庭系统排列，现场向父母鞠躬，一定要与父母和解，以制造一个大圆满的结局，这样才能显示老师很厉害。除了家庭系统排列，还有很多心灵导师会用恐吓的方式告诉你：要是不与父母和解，你就无法拥有好的亲密关系，影响财运，还会给下一代造成危害。

但事实上，很多疏远父母的人收入丰盛，自己的小家庭甜甜蜜蜜，孩子喜悦又健康。为什么呢？因为所谓心灵成长，我们要与之和解的其实是自己内在的父母。也就是说，我们改变的是内在的父母跟内在的小孩之间的关系模式，这个过程跟外在的父母并没有什么关系。当内在的父母不再跟内在的小孩较劲，一切自然会有所好转。至于外在的父母，随着我们自己的成长，如果他们也成长改变，那么皆大欢喜，我们从此可以舒服地相处，也确实弥补了一些童年的缺憾。但是很有可能，外在的父母就是要活在纠缠和痛苦当中，我们又何必自讨苦吃，硬要制造与他们和解的假象来自我欺骗呢？自我欺骗，不活在当下的真相中，才会给下一代造成危害。允许父母按照他们的意愿过一生，允许自己按照自己的喜好过一生，就是对父母、对自己最大的慈悲。

我们要和解的不是外在的父母，而是内在的父母。我们要尊重的也不是父母，而是真相本身。这个世界上有太多不爱孩子的父母，我们不需要去改变他们，我们所要做的仅仅是承认真相本身——承认父母就是不爱自己。然后让这种家族的苦难于自身终结，让自己成为家族中爱的起源。

第二个常见的陷阱是让自己变得更正确。真正的修行人，相处起来会令人觉得特别放松；而一些所谓的修行人，相处起来却处处让人心堵。比如说吃素，本来没有问题，但要是硬把它变成一个正确的资本：我吃素，我在累积福报，我会去往西方极乐世界；而你吃肉，你要下地狱。这样的评判就让人很不舒服。修行的法门有千千万万，但万法归宗，都是要向内看，增加对自我的认识和觉知。如果一个人通过某个流派的修行学到了很多正确的道理，这些道理又让他觉得自己更加正确，看别人处处有问题，那么他就走上了歧途。

心理学有时会让人活在"更加正确"的壳中，迷失自己的初心。比如一对夫妻都学心理学，有一天妻子跟丈夫说："你刚才那样说话，我觉得特别伤心。"丈夫却说："心理学课上不是说了吗？每个人都要为自己的感受负责，你为什么伤心，那是你自己的童年创伤，跟我没关系。"其实我们不用懂心理学，只要凭本能一听这话就知道，丈夫这么说肯定会让妻子更加伤心，能量更加堵塞。这种回应不可能让夫妻关系变得亲密，那么丈夫为什么这样说话呢？因为他小时候向父母表达自己的感受时，父母就是这么回应他的——

孩子：妈妈，我感觉心里不舒服。

妈妈：我供你吃，供你喝，有哪一点对不起你？你还有什么不舒服的？

妈妈的一句话就把孩子的感受怼了回去，转而否认和攻击孩子的感受。同样地，这个模式放到夫妻关系中，丈夫用一套所谓的心理学理论否认和攻击妻子的感受。他和他的妈妈没有本质区别，只是披了一层心理学外衣。心理学理论只是个工具，这个工具如果用得好，可以借助它来认识自己；如果用来教育别人、要求别人，就会变成自我防御，变成豪华监狱。

03

心智发展
源于体验而非知识

最好的父母不会切断孩子的体验，
允许孩子完整地按照自身意志体验生命。

我曾经遇到过一件荒唐事：在餐厅吃饭，我看到一个人正在偷一位女士的包。我立刻大喝一声，小偷发现自己暴露了，旋即转身离开。被偷包那一桌有五六个人，他们见状，只是把包拽了回来，也不去追小偷，继续闷声吃饭。我立马起身，挡在过道中间，面对面地截住小偷，然后喊工作人员报警。跟我同行的朋友被我的举动吓坏了，赶紧把我拉到一边，小偷则乘机跑掉。朋友说："你疯了吗？像你这样一个弱不禁风的人，敢独自挡小偷？万一他恼羞成怒，捅你一刀怎么办？"我回答："我没想那么多，小偷要跑，没人拦着，我就想上前挡住他。"当时，我还觉得朋友挺孬的，自己挺身而出，维护正义嘛！后来转而一想，维护正义其实有很多方式，比如我可以不当面激怒小偷，悄悄告诉工作人员，请保安出面制止，也能够达到目的，而我却选择了最冒险的方式。这是为什么？问得再深入一些，为什么我会在这么简单的事情上丧失了思考和对环境的判断能力？这是因为真正的心智发展必须源于自由完整的体验，而我没有这种面对肢体冲突的体验。

有位妈妈分享说自己的两个儿子，一个两岁，一个六岁，有段时间经常对打。我想很多家庭可能都遇到过这种问题。孩子打架的原因很多，比如弟弟想跟哥哥一起玩儿，但是弟弟太小了，不懂游戏规则，哥哥生气揍了他。或者，哥哥嫉妒弟弟的新玩具，要抢过来，结果两人动手，都哭了起来。这个时候，妈妈该安慰哪一方呢？遵守界限的妈妈不会参与孩子之间的争斗，也不会说"打架可耻，绝对不可以"。她会静静地观察，除非有危险，否则不去干涉。有时候，哥哥把弟弟逼急了，弟弟会发狠反击，哥哥也会有所忌惮。在这个过程中，哥哥会学习到，即便是比自己弱小的人也不能随便欺负，有些底线是不能触碰的。而弟弟会学习到，想要跟别人一起玩儿，就得遵守游戏规则，双方商量着来，不能随心所欲，否则冲突无法避免。过一段时间之后，两个孩子的相处就会越来越和谐，因为他们知道彼此的界限和需要，他们在不断冲突的关系中逐步体验、积累了宝贵的经验：尊重界限，才能建立彼此都省力的关系。

可以想象，弟弟长大后不会惧怕那些比他年长、强壮的人，且知道如何向强者学习，跟强者合作。哥哥长大后也懂得了拳头不能解决一切问题，彼此合作才能共赢。所谓情商就是这么发展出来的。最重要的是，在这个过程中，父母没有干涉，没有评价，所以孩子们各自的活力——生龙活虎、男子汉味儿十足的活力，才没有被压抑。

但我不是这样，我是个女孩子，从小就被教育要文雅，柔柔弱弱的才惹人怜爱。我没有打过架，一次都没有。这导致我不知道肢体冲突中的轻重底线，不懂得如何保护自己。这方面的心智没有发育完全，才会将自己置于危险境地而不自知。虽然我可以学习一些理论上的安全知识，但是在突如其来的状况下，人都是靠本能的，来不及过大脑。我爸爸小时候很叛逆，从小被打到大，他说他能自动嗅到危险的味道，然后迅速观察周围环境：出口在哪儿、有什么东西可以作为武器等。要是和几个同伴一起遭遇危险，大家交换一下眼神，彼此就能心领神会，迅速完成沟通和分工。这一系列身心自动化的反应，保护了他的安全。如果情急之下光靠脑子思考的话，估计还没弄清楚状况就被打伤了。当然，大多数人不需要通过专业训练来培养对危险的敏感反应，但是基础的心智能力还是必要的。

我们可能都看过类似的新闻报道：年轻情侣路遇一群流氓，男人为了保护女朋友挺身而出，被打成重伤，甚至丢了性命。这也许与他从小缺乏和小伙伴打架的实战经验有关，受一点刺激就容易失去理智，产生自不量力的心智误判。我直面小偷也是如此，从小没有学习过如何保护自己，才会头脑一发热就冲了上去。

所有的心智发展都需要以体验为支撑。比如孩子做粘纸模型手工时，发现家里没有胶棒，有的孩子会说去文具店买，有的孩子却会用熟米粒碾碎了代替胶棒。他是怎么想到的呢？是父母教的吗？有可能连他的父母都不知道熟米粒有这种功能呢！实际上，是这个孩子经常"不好好吃饭"，边吃边玩儿，把米饭粘到桌子上、地板上、沙发上……到处都是。他体验过用手指碾碎米饭时黏糊糊的感觉，才会在做手工活时创造性地想出这个办法。如果父母不允许他边吃边玩儿，教育他"吃饭时要专心""浪费粮食可耻"，他还能想出这样的解决方案吗？最好的父母不会切断孩子的体验，允许孩子完整地按照自身意志体验生命。

工作中，经常有些人一遇到阻碍就停滞不前，埋怨"没有条件啊，我能怎么办"，也有人不轻易服输，把看似不可能的都尝试一遍，通常能够创造性地解决难题。我自己就是后一种人。比如在开发公众号平台的时候，我想实现某种功能，但是按照常规思路行不通，连技术人员都想放弃了，我却一口气提出两三种替代方案，鼓励大家分头试一试，最后圆满完成任务。所以，我设定的目标一般很少会被打折扣完成。有的人说这是因为我的智商特别高，其实不是，我的智商很普通，幸运的是，我很少被教育。小时候，妈妈整天沉浸在她自己的世界里，没有心智去教育我，而爸爸觉得自己文化水平低，也不怎么教育我。因此，我有了一个喘息的空间，在这个空间里，我可以自由完整地探索一切，虽然做过很多荒唐事，但创造力的心智因此得以保留和发展。

人人都希望能够轻松拥有丰盛的人生，真正做到这样，需要我们高效率地解决问题，需要具有与事物本质链接的能力。这种能力从哪里来？就源于自由的体验，通过体验与事物本质链接，发展出心智能力、逻辑思维能力。尤其对于创业者来说，需要放空自己脑袋里所有听来的、学来的、限制性的念头，把自己归零，复归于婴儿，然后完全从事物的本质、规律出发，一点点地进行逻辑思考，并且有的放矢地吸取别人的经验。所以，创业成功并不是翻几篇羊皮卷、学几本成功学、念个工商管理硕士就能实现的，创业成功通常更需要"空"。

04

___

从自体自恋走向客体关系

我们每个人或多或少都受过创伤，
关系的意义就在于双方一起努力，
从一个人的世界中走出来，建立有客体、有他人的世界。

我爸爸的现任太太给我打电话，抱怨爸爸又大发雷霆，原因是爸爸想卖房子，陈述了一堆理由，太太没有马上赞同，她认为得再考虑考虑。爸爸感觉被拒绝，因而暴怒。太太也很委屈，卖房子这么大的事儿，难道都不允许自己考虑一下吗？难道非得他说什么，自己就要马上赞同吗？太太觉得在家里没有话语权。

　　爸爸这个人，我挺了解，他确实很聪明，我想他在做出决定之前，肯定考虑过各种可能性，最后还是觉得卖房子这个选择最好。所以，他只是在宣布自己的决定，没有要跟别人商量的意思，对方要么同意，要么就是在跟他作对。在爸爸心里，其实只有他自己的意志，没有别人的存在。当然，他在做事情时会考虑别人的处境和利益，但他会这样做只是出于要安排好事情本身，至于对方作为一个人，会有何种情绪感受，他则感知不到——他只能感知事情的存在，不会感觉到对方是一个需要被倾听、被尊重的人。他觉得自己已经把各种利益关系都考虑好了，各种可能性都想过了，"所以我这个决定就是最正确的，就应该被实施"。

我的妹妹曾经有一段时间内心特别煎熬，她很抗拒上学，也不愿意继续待在那个让她痛苦的家里，于是她趁寒假跑来跟我一起住。新学期开学的时候，爸爸过来找她，要带她回去。他跟妹妹说："我知道你不喜欢现在的学校，新学期的名额已经替你报上了。你先回去上学，这期间我们可以另找其他喜欢的学校转学。万一找不到，你也可以继续上现在的学校。"妹妹听了不说话，心里却很郁闷。

我能理解妹妹为什么郁闷，因为爸爸看不见她。爸爸没想过去倾听妹妹的感受和意见，他不跟妹妹商量，自己就完成了对整件事情的分析和思考，然后把决定告诉妹妹。或许爸爸的决定是明智的，或许他跟妹妹商量之后，妹妹自己也会做出相同的选择，但是在整个过程中，都只有爸爸一个人的存在，没有妹妹的存在，没有关系的存在。

　　回想起我小时候，爸爸在很多方面都对我非常好，比如花钱特别大方，满足我几乎所有物质需求，还经常带我出去玩儿。所以，我跟爸爸在一起的时光大部分是快乐的。但是有一个问题，就是我不能不快乐，因为在爸爸看来，"我对你已经很好了，一切都替你安排妥当了，所以你必须高高兴兴的"。这就像所有的程序角色都已设定好，我只是配合完成剧情的道具，我不能作为一个独立的人拥有独立的情绪感受。每当我有负面情绪时，爸爸就会失控，愤怒地呵斥我。长大之后，我也一直感受不到自己是个独立存在的人，经常有种虚假感，觉得自己像一个玩具或一具行尸走肉，必须依附于他人才能存在，这就是心理学所说的"没有存在感的假自体"。而我的爸爸妈妈都活在他们各自的世界里，心理学上叫作"心理发育水平只有自体，没有客体"。这一类人无法从心理上意识到对方是独立的、有自由意志的人，他们看不见对方的存在，他们的世界里没有别人。

很多时候，我也会意识不到别人的存在。比如聊天时，和所聊的内容相比，我更感兴趣的其实是"这个话题跟我有什么关系"，如果完全跟自己无关，我就会毫无兴趣。我还会自以为是地安排各种事情，用自认为正确的方式来处理，至于对方的感受和自由意志，我考虑不到，也不关心。我一度傲慢地认为："我觉得事情怎么做最好，那就应该怎么做。我的安排已经是最优选择，你就应该执行啊！要是你理解不了，就是你的问题。"

一个朋友来找我爬山，当时我处于生理期，加上没休息好有些疲惫，可是我又想见他，于是思考该如何平衡。他要是去爬山，那我就在山下待着吧。我想自己解决这些小矛盾，但朋友的一句话点醒了我："你不舒服怎么不跟我说呢？我们可以另做安排啊，不爬山，改喝茶也行啊！"我猛然醒悟：对啊！为什么我脑子里连与对方商量的选项都没有呢？一遇到问题我就默认自己要想出解决方案，不知道在关系中双方是可以一起商量的。这跟我的父母其实是同一种模式，我们的世界里只有自己，没有别人。

有几个妈妈向我提过类似的问题：孩子总喜欢边洗澡边玩水，玩儿多久倒可以顺着他，但是别人要用卫生间怎么办？从这个问题可以看出，妈妈的选项里没有协商这一项，只想着自己如何做到尽善尽美，不给别人添麻烦。事实上，孩子要玩水，别人要上厕所，两者的冲突是可以通过协商化解的。

生活中，有很多父母经常抱怨："我辛辛苦苦安排好一切，为儿女付出了那么多，他们怎么不知道感恩，还总是跟我对着干呢？"因为儿女只是父母付出情感的道具啊！他们本身的存在，他们的所思、所想、所感并没有被听见、被感知，所以无论父母为他们做了多少，他们不仅不会感恩，反而会反感，觉得被控制。

很多父母在微博上问我各种关于孩子的问题，比如："我认为睡前应该刷牙，但是孩子不刷牙，怎么办？""晚上到点了，孩子不肯睡觉怎么办？""孩子早上起床说不想上学怎么办？"这些问题表面上看各不相同，但问题背后的套路都是一样的：如何才能把孩子变成父母想象中的样子。

这些父母有没有耐心去倾听孩子的感受呢？孩子不肯睡觉，可能是因为他有很兴奋的事情想跟父母分享，或是想跟父母腻歪一会儿，但是父母都忙于各自的事情，急于让孩子睡觉，使孩子得不到情感上的满足。当然，这只是我的一种猜测，真正的原因是什么，需要父母把孩子当成一个人去了解和感知，而不是当作一个物件去纠正。对于不肯上学的孩子来说也是一样，或许他只是在表达自己的情绪感受，如果父母能耐心倾听和了解孩子的感受，好好跟孩子商量，孩子也会很愿意照顾父母的感受，不会让父母在家庭与事业之间左右为难。孩子或许不像成年人那样擅长控制情绪，但也不是没有理性的怪物。孩子跟大人一样，是需要被倾听、被看见的人。

亲密关系中也是如此。我们经常要么陷入自恋，要么陷入焦虑。自恋，指的是"我认为做到……就是一个好丈夫或好妻子，现在我都做到了，对方就应该对我满意"。可是对方的真正需求是什么？我们或许从未认真了解过。关系中的焦虑也常常如此，我们觉得自己没有处理好一些事情，遇到麻烦和挫折，经常会瞒着对方，一个人去解决。我们没有想过，遇到问题是可以和对方一起去面对，一起想办法的。又或者，对方可能根本不在意这件事情，即便你搞砸了，也没有关系。

从另一个角度来看，关系中只有自己，没有别人，并不是一件纯粹的坏事。很多时候，创造力、决断力、生产力等，都需要在自己的世界里绽放，甚至当我们只跟自己感兴趣的事情联结，不考虑别人的各种意见时，才是最有创造力和效率的时候。健康人的能量是自由流动的，可以在自体水平和客体水平之间灵活调节，不会一直卡在某个位置动弹不得。我们每个人或多或少都受过创伤，关系的意义就在于双方一起努力，从一个人的世界中走出来，建立有客体、有他人的世界。这种踏实关系的存在，会让我们真正放松下来，学会信任和交托。我们在关系中学习观察、表达自己的感受，得到对方的回应，从而确认自己是一个具有主体性的人。同样地，我们也在关系中看见对方的存在，确认对方的感受，帮助对方活出独立存在感。当我与你同时存在时，幸福就降临了。

05

———

所有能量用于
发展自我

得不到伴侣的支持，觉得自己很无助，

没有能力做自己想做的事，

没法过自己想过的人生，这是很多人的剧情。

微博上有网友留言说，妈妈一辈子都在埋怨爸爸断了她的财路。这位网友的妈妈有很多做生意的点子，但每次跟爸爸商量，都因为爸爸不同意而作罢。等妈妈终于开始做生意了，爸爸却不肯帮忙，用妈妈的话说，"就是因为他不肯帮忙，我的生意才没有做大"。2000年，妈妈想在上海买房，爸爸仍旧不同意，结果错过了好时机。妈妈逢人便说是爸爸害得她一辈子赚不到钱。

　　这个案例很经典。生活中，我们经常会听到一些夫妻相互埋怨。我的一个表姐在税务局上班，赶上单位最后一次分房，她当时可以用市场价的3折买到一套大房子，却被5万元的首付难住了。她跟丈夫商量，要他向公婆借钱，但丈夫是个爱面子的大孝子，怎么也不肯开口，最后房子没买成。表姐看到同事们都住上了大房子，只有自己还待在破旧小区里，心里十分窝火。虽然

10 年之后，他们终于通过自己的努力买了同一小区的房子，但价格却是当年的 20 倍。

我年少时就听表姐抱怨这件事，当时特别同情她，觉得表姐夫真是傻，白白错过了好机会。可是现在再听表姐抱怨，我会问她："既然你那么想要一套大房子，为什么当初不坚持？以你当时的工作背景，只要开口借，肯定借得到，也还得起。"表姐说："我当时很无助，觉得老公不支持我，我就没有办法了。"

得不到伴侣的支持，觉得自己很无助，没有能力做自己想做的事，没法过自己想过的人生，这是很多人的剧情。尤其是婚姻中的女人，更容易认同这个剧情，即"幸福必须经由一个男人才能实现"。这其实是一种心理上没成年的状态。

孩子想要实现任何愿望，几乎都得靠父母的支持。如果父母不同意，孩子可能再怎么努力也很难达成心愿。不仅如此，更可怕的是，孩子在努力的过程中只要出一点差错，就会遭到父母的冷嘲热讽，"叫你当初不听我的，现在搞砸了吧""看你以后还敢不敢跟我对着干"。这种排山倒海的羞耻感，会淹没一个人积极探索新事物的热情，摧毁一个人的自尊、自信，让人变得畏畏缩缩，不再相信依靠自己的力量能够达成目标。

开头讲的那对夫妻，其实是妻子无法承受选择失败所带来的羞耻感，不相信凭借自己的努力可以闯出一番事业来，才会把羞耻感、无助感都扔到丈夫身上，"都是你愚蠢、你无能，才导致我们错失发败的机会"。假设当初丈夫支持她买房，房价涨了，妻子会说："都是我英明。"房价跌了，妻子会怪："你怎么不拦着我？"如果丈夫跟妻子一起做生意，事业顺利，妻子会说："都是我吃苦受累打拼出来的，我的选择多么明智。"事业不顺，妻子会怪："都是你在旁边碍事，害我赔本。"或许正是因为丈夫对妻子的这套模式再熟悉不过，才不肯跟妻子一起做事。谁愿意总是背黑锅呢？

家和万事兴，夫妻合力有个前提，即双方都有能够自我负责的成年人心态，能够一起面对风险，承受压力，感谢彼此的努力；出了问题能一起解决，而不是急着把责任推到对方身上。

夫妻关系如此，亲子关系也是如此，事业关系更是如此。选择合作伙伴，切忌选择那种"只能接受成功，一旦失败，第一时间推卸责任、指责对方"的人。这种人，即使有好想法、创造力，听听他的想法就好，不要一起共事，否则他会给整个团队带来伤害。

当我们认定一件事是好事，那就竭尽全力去做，不用等待任何人的支持。能够理解你的人，自然会跟随你、支持你。自己站稳了，别人才愿意与你为伍；自己能对目标负责，别人才愿意鼎力相助。这是人性的定律。

女人都希望男人会一直爱自己，无条件地对自己好，不离不弃。可人性的定律是：女人越是渴望，越是向外索求，越是担心被抛弃，就越会惹人烦，什么都得不到。当女人彻底放弃"必须经由男人才能实现理想"的期望，把能量用于发展自我，直接走向自己的目标，去过自己想要的人生时，她就不再是被物化的第二性，而真正成为一个人。这时，各种有利的资源就会自然而然到来，那个对的男人也会自然而然出现。

06

不要向活在自己世界里的人索爱

在选择伴侣这件事上，

不可逾越的底线是，

不要选择一个"全封闭自体"的人作为另一半。

心理发育停留在自体水平的人，他的世界里只有自己，看不到别人的存在。需要强调的是，心理发育水平跟道德无关，有些心理发育处于自体水平的人同样乐于助人，做事的时候同样考虑对方的利益。而心理发育到客体水平的人，能够意识到自己和对方都是平等存在的人，既能尊重自己的感受，也会关心对方的喜怒哀乐，在关系中的互动良好，能够彼此妥协，却不背负纠缠。大部分人的心理发育都介于自体水平和客体水平之间。

　　我曾经上过母婴关系的课程，老师说过一句话，让我印象很深：不要纠结于母亲为什么会跟婴儿失去联结、不能感知到婴儿的真实需求，这样的事情会不断发生，关键是母亲要能够走出一个人的世界，然后再去感受婴儿，修复联结。关心如何修复联结，这才是最重要的。也就是说，两个人之间有了误会不要紧，失去联结也不要紧，只要能够再次去听、去看见真实的对方，一起努力修复，关系就会越来越默契。

也有另一种情况：对方几乎完全处于自体水平，并且不愿意打开自己。这听上去很极端，其实并不少见，在中国的婚姻关系中就有许多。这种情况跟文化教育水平没有关系，这样的人既可能是受教育水平较低、社会功能较差的人，也可能是受过高等教育，社会地位很高，看上去理性、温和的人。只不过，后者往往更难识别，因为他具有理性和意识，让自己看上去似乎能考虑各方需求，平衡各种关系，但实际在心理上，他没法感同身受对方是一个跟自己一样平等的人。

在这里，我们把那种完全处于自体水平，不愿意打开自己的人，称为"全封闭自体"。对他们来说，最重要的是每一个人都应该跟我想象中的一样，我认为你是这样，你就必须是这样。比如，他们希望某个人积极上进，如果对方做不到，他们就会因恨铁不成钢而生气、歇斯底里。有一个真实的案例：妈妈认为女儿是离开自己就活不下去的弱者，但女儿开始自我成长，自立自强，拒绝妈妈的金钱援助。对此妈妈没有感到欣慰，反而恨得

牙痒痒，说："我非常想让女儿恋家，这样她就不得不依赖我
了。"这个案例听上去比较极端，但我们身边类似的情境并不少
见。比如，当儿女表现出独立自强的意愿时，父母便开始嘲讽打
击，"你不行，做错了还得回来求我们，让我们给你背黑锅"，
因为父母无法忍受儿女跟自己想象中设定好的角色不一样。

　　我曾经跟一个关系很亲近的人分享自己的感受，当时我特
别兴奋激动，但他就像没听见一样，说了一句"5 点了，该走
了"。我感到有些失落，问他为什么不回应我，结果他很生气地
质问我："你就不能对自己的情绪负责吗？为什么要跟我说？"
他的态度让我觉得更委屈了："我并没有情绪失控，也没有像泼
妇一样攻击你，你为何有这么激烈的反弹？"他回答："刚才你
的情绪就是很激动，就是在指责我，我当然要反击你！"然后，
我进入可笑的"自证无罪"环节，不停地解释自己没有恶意、没
有失控和攻击，只是希望对方能够看见真实的我。

　　我幻想中的美好画面，就像两只小猫初次相遇，由于彼此不
了解，都有些紧张，担心对方会有敌意，接着互相观察了一会儿，
各自做出友好的动作，最后一起愉快地玩耍。我以为只要释放足够

多的善意，就能消除误解和敌意。可事实是，我越解释，他就越紧张、越愤怒。他说了一句话，令我至今印象深刻。他说："你不要再说了，我的头很痛，你就是要侵入我的脑子改造我。"

为什么我想跟他建立关系的做法，在他看来却是我想侵入他的脑子控制他？我忍不住问他："为什么你要如此拼命地捍卫自己的观点？真实的我是怎么样的，我们的关系如何，你一点儿都不关心吗？你的观点比什么都重要吗？"他很无奈，也很生气地说："那就是我呀！"

我一下子明白了，他的观点——他所认为的这个世界应该怎样，他给所有人设定的角色、剧情，就等于他这个人。改变他的观点，就像要他的命。我和他关系的真相是，他并不想和我愉快地玩耍，他需要活在自己的世界里不被打扰。在他的世界里，已经设定好了各种人物角色，谁主动"敲门"，谁渴望得到他的回应，谁就是在攻击他，谁就是坏人。这些剧情已经写入他的潜意识，成为他的脑神经细胞记忆，他眼中的真实世界就是如此。所以，我想要改变这个剧情，想要他看见真实的我，这确实是在侵入他的脑子。

这听上去有些荒诞，如果我们仔细观察，就会发现生活中类似的事情比比皆是。比如工作中，你提供了一个更优的解决方案，可以降低风险、减少损失，有的同事会感谢你，并主动配合调整自己的计划。而有的同事却会埋怨你，因为他的内在是封闭的，你打乱了他的计划，就等于伤害了他。即使他嘴上说"谢谢"，内心也会反抗你，最终行动上还会按照原计划去做——他要坚定捍卫自己的观点，这些观点的重要性远远胜过把事情做好。

在家庭生活中也是如此。有网友留言说，自己拼命向父母示好，带父母旅行、给父母买礼物，努力上进，学习新技能、升职加薪……做这一切都是希望父母能够认可自己。但不管怎么做，父母依然不停地攻击和羞辱自己："我们还能指望你？等我们老了、病了、不中用了，你不把我们踹出家门就不错了！""买一箱梨给我们吃？你是在咒我们早点儿死吧？""这么殷勤，是不是想跟你弟弟争房产啊？"……无论孩子如何证明，父母都不相信他们是善意的，认定他们做什么都别有用心。而孩子以为如果父母明白了自己的善意就会开心。事实上，父母需要的只是一切如他们的剧情所愿。

在父母设定的剧情中，他们自己是好人，孩子是心怀恶意的坏人，好人攻击和羞辱坏人理所当然。要是孩子敢跳出来"自证无罪"，这不是在拆父母的台吗？所以，如果孩子希望父母看见真实的自己，发现自己不是他们设想中的坏人，那父母的好人角色还怎么演下去呢？他们过去对儿女的攻击和羞辱岂不都成了"罪证"？如此一来，父母的整个人生可能都要崩塌了。从这个意义上讲，父母攻击和羞辱孩子，就是在捍卫他们自己。孩子唯一能做的，就是尊重和允许，不再参演父母的剧情，把能量用在过好自己的人生上。

总之，在选择伴侣这件事上，不可逾越的底线是，不要选择一个"全封闭自体"的人作为另一半。大家都希望自己的伴侣是童年幸福、心理健康的幸运儿，可事实上，大部分人的童年都不怎么幸福，每个人或多或少都有心理创伤，各种内在剧情会使我们偏离真相，看不见真实的对方。但是没关系，只要我们保持开放的心态，愿意去认知自己的内在剧情，去察觉内在剧情不等于真实的世界，渴望看见、了解真实的对方，那么童年的创伤再大，也一样能够过好日子，创造属于自己的幸福。

清醒地活在
真相中

01

人格健康的标志：
有能力和解

相信自己是结实的，不会因为对方表达了攻击性而破碎，
不会因为害怕被报复而压抑攻击性；
相信父母是结实的，虽然我们表达了攻击性，
他们可能会难受，但是不至于陷入无休止的抑郁和痛苦中。

我看美剧时，经常惊讶地发现：剧中人物之间哪怕发生过很多冲突，关系搞得很尴尬，事后也能和解，关系并不会因此而疏远，反而可能越来越亲密，越来越信任。

这个发现让我很受冲击，因为在我的世界里，冲突是一件很可怕的事情，只要发生冲突，关系就完了。虽然有时还维系着面子上的关系，但实质上关系已经死亡。

很多人像我一样，特别害怕在关系中发生冲突，经常采取"忍"的方式，直到有一天终于忍不住，来一场毁灭性的大爆发，伤人伤己，关系果真就此结束。而对方或许还没明白过来，这么一点小事，值得发这么大的脾气吗？因为对方不知道，"这么一点小事"背后其实已经叠加了很多不满。

举个例子，一对夫妻在结婚前约定妻子婚后不做家务，于是丈夫每天上班工作、下班做饭洗碗。有一天，丈夫因为莫名其妙的小事，冲妻子发很大的脾气，妻子觉得不可理喻。这是为什么呢？因为这个丈夫其实对每天做家务非常不情愿："凭什么我累得上气不接下气，你倒乐得自在？"但是他不敢直接表达出自己的不情愿，怨气、怒火在心里越积越多，最后经由一件莫名其妙的小事爆发，严重伤害了夫妻关系。

后来妻子发现，原来丈夫真正生气的是做家务啊！她觉得好笑："你不喜欢做饭洗碗，我们可以叫外卖、请家政服务啊！家里的经济条件完全负担得起。"所以，最终的解决方案特别简单，就是雇钟点工。丈夫回想起这件事也愣住了："我怎么就把这件事想得特别严重呢？好像妻子要求我必须做饭洗碗似的，如果我不这样做，我们的关系就会完蛋。"这显然是丈夫自己的想象，而不是事实。实际上，妻子根本不在乎丈夫到底洗不洗碗、做不做饭。对其他人而言也是如此。假如让孩子选择，他会选择干净整洁的家、准点的三餐，加一个怨气丛生的妈妈，还是会选择家里不算特别整洁，有时候吃不上饭得叫外卖，但有一个懂得享受人生的妈妈呢？相信绝大多数孩子都会选择后者。选择伴侣也是一样的道理。

可是为什么我们心里总是在上演这样的剧情：避免冲突，忍着忍着，到最后实在忍不住，导致毁灭性的大爆炸？这通常是因为，在我们的童年，尤其是婴儿期，有一段糟糕的经历。

比如婴儿掐咬妈妈，表达攻击性，或者哭闹不休的时候，有的妈妈会因为哄不好婴儿而责备自己：我真差劲，带不好孩子，我就不应该生孩子，我不配当妈妈。面对婴儿的哭泣，妈妈的反应是进行自我攻击，变得特别可怜，特别抑郁，表现为一个脆弱的妈妈。脆弱妈妈给孩子带来的感觉是，我绝不能表达自己的攻击性，否则妈妈就崩溃了，我自己也完了，整个地球都要"毁灭"了。

跟脆弱妈妈表现相反的是歇斯底里的妈妈。发生冲突时，妈妈首选攻击孩子。孩子咬了妈妈一口，妈妈很生气，给孩子两个耳光：你哭，再哭我就把你嘴巴塞上，把你扔到外面去！这种妈妈给孩子的感觉是，如果我表达攻击性，就会被报复，所以要压抑，要隐藏，绝对不能惹妈妈不高兴。

最糟糕的妈妈是不接受和解的妈妈。当孩子跟妈妈发生冲突、情感失联时，大部分孩子都会试图和解。比如婴儿咬了妈妈一口，过一会儿，他可能会对妈妈笑一笑，或者向妈妈爬过去，靠近妈妈——这是孩子在伸出和解的橄榄枝，但有的妈妈却不接受和解，继续冷漠地对待婴儿。大一点的孩子跟妈妈道歉："妈妈，我错了。妈妈，你别生气。"可是妈妈却说："你错什么了？你还知道错啊？"这等于在告诉孩子：你想和解？没门！我不接受。你只要跟妈妈发生冲突，咱们的关系就毁了。

有这样一个不接受和解的妈妈，孩子也会觉得自己不能表达攻击性，万一发生冲突，自己和妈妈的关系就完了；关系出了问题，也不用去主动和解，因为这样做的结果是继续被攻击、被羞辱。不接受和解的妈妈，会给孩子带来非常大的焦虑，不敢在关系中放松做自己，一有冲突就会从关系中撤离。

　　有一项实证研究，主题是什么保证了夫妻关系能够长久维持下去。结果发现，保证夫妻关系得以维持的核心因素，并不是人们通常以为的两人"三观"一致、门当户对、感情基础深厚等，而是夫妻两人有没有和解的能力。当冲突发生的时候，有没有一个人能够伸出和解的橄榄枝，而另外一个人能够接过这个橄榄枝。

　　事实上，有些冲突是无法解决的，或者说至少暂时无法解决，但只要一方能够发出和解的信号，另一方又能够接受和解，夫妻关系就能继续下去。很多离婚的夫妻，他们之间其实没有很大的冲突，多是一些鸡毛蒜皮的事。当这些琐事引发争吵，双方又不愿意伸出和解的橄榄枝，或者一个人递出，另一个人不接，这样的关系迟早会走向终点。

　　可以发生冲突，也可以和解，这是一个人人格健康的重要标志。要想拥有这样的健康人格，首先得有一种信念：相信自己是结实的，不会因为对方表达了攻击性而破碎，不会因为害怕被报复而压抑攻击性；相信父母是结实的，虽然我们表达了攻击性，他们可能会难受，但是不至于陷入无休止的抑郁和痛苦中。

也就是说，内在的自己是结实的，内在的父母也是结实的，这样我们就敢于在关系中表达自己真实的感受和需要，表达自己的攻击性。即使发生冲突，也能够伸出和解的橄榄枝，这样的关系才是坚韧的。

无论多么好的关系，发生冲突，彼此之间失去联结，几乎是必然会发生的事情。重要的是我们怎么修复关系，有没有勇气去修复，能不能把"针尖对麦芒"这种尖锐的能量变成"即使有冲突，我依然爱你。来，抱一抱！我们可以继续谈论冲突，同时确信彼此相爱"。

我的一个朋友，以前一遇到冲突就会夺门而出，因为他受不了那种尖锐的能量。现在他会告诉自己："无论冲突的张力有多大，勾起我多少内在的恐惧，我都一定不离开，就待在那里。"他每次都这样自我觉知，跟妻子发生冲突时，他会说："暂停一下，我想告诉你，我爱你，我们的关系是结实的，我不会离开你。只要你愿意，我们随时可以继续谈论这个冲突。无论多痛苦，请你记住，我是爱你的。"他用这样的方式把自己从难以忍受的尖锐对立中解脱出来，虽然冲突依然会触发痛苦，但是他让自己变得更加宽广，让双脚踩在大地上。果然，他与妻子的亲密关系越来越好，和周围人的关系也越来越和谐。

02

—

警惕隐蔽的
权力关系

在关系中，道德资本越高，
两个人的心离得越远。
当一个人的道德资本垒得像三峡大坝一样高时，
他就成了孤家寡人，没有人愿意接近他。

很多人在表达自己的需求时，往往不能直接简单地说出自己要什么，而是先证明自己的需求是有道理的，自己的欲求是正确的，应该被满足。既然自己是正确的，就意味着如果对方不满足你、不顺应你，那么错就在他；如果对方满足了你，也不是出于他的好意，而是他理所当然就该满足你。可想而知，这种关系让人不舒服，因为它是一种权力的关系，而不是爱的关系——我对你有权力，所以你应该听我的。

举个例子，有一次我参加一个心理学课程，晚间有个项目是在水里进行的，同学们一起在游泳池里做静心练习。我很喜欢水，喜欢游泳，下水时习惯用自由泳的泳姿，力度比其他同学大一些。这个时候，老师过来对我说："李雪，你打扰到其他人了。"意思是：李雪，你错了，你应该改正，应该听我的，静悄悄的，不要打扰其他人。这位老师的诉求是什么呢？学员们要在水里完成静心练习，所以需要每个同学都静悄悄的。其实，她完全可以直接告诉我：大家要开始静心了，我需要你声音小一点。如果她这样跟我说，我会很愿意配合。可是，她并没有直接表达自己的需求，而是跟我讲了一个道理，证明我是错的，她是对的，所以我应该听她的。可以想象，假如我跟她纠缠于对错的问题，反过来证明自己没错：你凭什么说我打扰到别人？看，我离其他同学有 3 米远，他们真的受到打扰了吗？我要去找他们核实一下……这样就会陷入无休止的证明谁对谁错的怪圈中，而忘了我们的初心。其实，我们的初心都是希望静心练习能够顺利进行，而不是证明谁对谁错。

为什么我们不能直接表达需求，总要先证明自己有道理呢？

再举个例子，妻子对丈夫说："你看看，我每天又要上班，又要做家务，还要带孩子，你都不知道心疼我。你每天这么晚才回家，家里的事一点儿都不帮我分担。"这是指责和抱怨。妻子的意思是：我既上班赚钱，又承担家务，还得管教孩子，我已经累积了足够的道德资本，而你的道德资本非常低，所以我对你有权力，你应该听我的。可想而知，任何一个人听到配偶这么说，都会越来越不想回家，因为这个关系让人越来越不舒服。在关系中，道德资本越高，两个人的心离得越远。当一个人的道德资本垒得像三峡大坝一样高时，他就成了孤家寡人，没有人愿意接近他。

假如换一种方式，这个妻子想一想自己的初心，如果是希望和丈夫一起享受家庭的温暖，那么就直接表达这个初心："我希望一回家就能见到你，能吃到你做的热乎饭菜，跟你一起逗孩子，享受家庭的温暖。"或者："我们需要请个保姆，这样我就能从家务中抽出身来，有更多的时间和你相处。"要是妻子能这样直接对丈夫表达，家庭关系就会顺畅很多。

为什么我们都不敢，或者不能直接表达自己的初心呢？因为在我们的童年，大部分人都没有这种幸运去享受平等协商、直接表达的关系。小时候我们跟父母的关系，大多数是权力的从属关系。父母说：我生你养你，所以你应该听我的；我吃过的盐比你吃过的饭都多，所以你应该听我的。

拿孩子起床这件小事来说，如果父母早上要送孩子上学，自己又要上班，确实需要按时出门。这种情况下，权力关系的表达方式是：我是父母，你应该听我的，我让你几点起床你就几点起床，让你几点出门你就几点出门。你怎么动作那么慢？怎么还没准备好？磨磨蹭蹭的，你这样耽误爸妈上班怎么办？上学迟到，老师找家长怎么办？

而互相尊重、平等协商的表达方式则是这样的：爸爸妈妈9点钟上班，不能迟到；你要在8点半准时到校，所以我们7点半就得从家里出发。我也知道，宝贝早起很辛苦，但是我们确实需要按时出门。在平等协商的关系中，没有谁比谁有权力，没有谁控制谁，也没有谁对谁错。一家人生活在一起，就是有很多事情需要彼此协商。如果孩子从小被父母尊重对待，在平等协商的家庭环境中长大，他自然会习得这种直接表达需求的方式。

有位妈妈听了我的观点之后，向我反馈这种方式不管用。她说："我跟孩子协商，妈妈困了，想先睡了，你爱玩儿就自己玩儿，别吵着妈妈。但孩子不愿意啊，他会更大声地说话，更大声地吵闹，你说我该怎么办？"如果父母采用了平等协商的方式，孩子就会立刻也跟父母平等协商吗？不一定，这得看父母平时是不是经常尊重孩子的欲求。这位妈妈想了想，又说："平时在睡觉这件事上，我确实经常强迫他、控制他。"所以将心比心，等到妈妈自己想睡了，孩子才会跟妈妈对着干，妈妈越想睡，他声音就越大。

其实，每一个孩子都是天使，前提是父母把他当成一个平等的人，敞开心扉与他协商，表达父母自己的需要，也倾听孩子的需要。这样平等协商的方式，无论在亲子关系、亲密关系，还是在日常的朋友关系中，都能够使我们的沟通更加顺畅，关系更加亲近。但是同时，我也想说明：平等协商不是灵丹妙药，并非在任何时候都奏效。如果有的人完全陷入权力关系中，只能听懂权力的语言，这时我们坦诚以待，他是不是就能够醒过来，用平等的方式回应我们？不一定。所以，这里只是说，我们为自己的生活，为我们尊重的人，为我们的家人，为我们的朋友，尽可能地创造平等的关系。如果对方是一个无论你如何真诚相待，他都不会平等回应你的人，那么这样的关系又何必去纠缠呢？

创造一个良好的人际关系，先从自己开始，学习直接简单地表达需求，包括直接简单地拒绝别人，而不是先去证明需求不合理，证明"你是错的，所以我拒绝你"。那样被拒绝的话，谁都会不开心。

03

肯定对方的感受

当对方没有请求我们给予解决方案的时候，我们要忍住，不要着急去解决对方的情绪，而是倾听对方，给对方一点空间。

之前看过一部电影，里面有个情节：妻子正在写哲学论文，丈夫戴上帽子准备出门。这时，妻子站起来，走到丈夫身边，略带不满地说："你怎么能不吻我就出门呢？"丈夫回答："我以为伟大的思想家在工作时是不可以被打扰的。"妻子娇嗔地说："可是没有你的吻，我怎么能思考呢？"

为什么这两个人情商如此之高，恩爱幽默，能够把略带指责的话变成对彼此的欣赏、赞美和柔情蜜意呢？最重要的一点或许是他们真的彼此深爱和欣赏，所以一言一行都指向亲密、指向爱。有的夫妻，只要产生一点分歧，彼此的言行就指向攻击、指向分离。

当对方表达自己的感受、观点时，如果你不知道如何回应，最简单的方式是肯定对方的感受。很多时候，一个人倾诉自己的感受，比如最近遭遇了什么难过的事情，他并不需要别人给出解决方案，而只是希望被倾听。比如妻子向丈夫诉苦"忙了一整天，累得都站不起来了"，有的丈夫马上会说："那你别上班了，家里又不缺你那点工资过活。"还有的会说："工作中你要学会拒绝，别什么事都往自己身上揽。"你看，这就是丈夫在给妻子提供解决方案，其背后的意思是：你不应该有这些感受，有这些感受说明你自己没有做对。听到这样的话，妻子心里肯定会不舒服："我辛辛苦苦上班，不也是希望为家里出一份力吗？现在职场竞争多激烈啊，我不积极主动些，能保住这个职位吗？"丈夫听妻子这么一说，心里也不好受："我好心给你建议，你反过来怪我？"于是，两个人可能会越吵越激烈，一场"战争"不可避免。

这种情况下，怎样才算是合适的回应方式呢？对丈夫来说，最简单的方式是肯定妻子的感受："是啊，上下班来回要两个多小时呢，脚都站累了吧？"更亲密一点的，可以说："来来来，我帮你揉揉脚。"妻子的感受被确认、被理解，感情自然会流动起来。在揉脚的时候，两个人可能会继续对话，比如妻子想探讨一下工作中的界限，问丈夫该怎么恰当地拒绝不属于自己的工作。这个时候，丈夫再给出建议，就会增进彼此的关系。

肯定对方的感受，这个方式简单好学，而且效果神奇。一位听过我讲座的男士对我说："李雪老师，你教的方法真管用。我以前笨嘴拙舌的，一直追不到喜欢的女生，后来照你说的，不管她说什么，我都静静听着，并肯定她的感受，她居然爱上了我，对我说从来没有人这么理解她。"这位男士真的很聪明，他用一个最简单的方法，就让女生觉得自己被深深地理解了。所以说，最简单的方法带来的效果可能是最神奇的。

大人在面对孩子层出不穷的各种想法时，也可以用这种方式。比如，孩子说想姥姥了，有的父母可能会说："上周末不是刚刚去过姥姥家吗？""爸爸妈妈上班很忙，这周没有时间带你去姥姥家。要不，下周末再带你去吧？"总之，父母的想法就是要把问题解决掉，但其实孩子只是在表达自己当下的心情，并没有要求父母一定要去解决。父母这时只需要简单回应，确认孩子的感受就好——"哦，宝宝想姥姥了！"这就是一个很好的回应。孩子可能会继续说以前在姥姥家发生的好玩的事、吃过的好吃的东西等，说着说着，他可能自己就想到解决方法了——"那我给姥姥写张贺卡，爸爸妈妈你们帮我寄给姥姥吧！"这时父母就会发现自己之前的担心其实都是杞人忧天。

再比如，很多家长都遇到过孩子早上不想上学的情况。有的家长一听孩子这么说就紧张起来："怎么办？我的孩子厌学了，他今天不上学，以后也不想上学，这辈子肯定完了！""孩子厌学在家，我就得留在家里照顾他，可我还得上班啊！我只能辞掉工作，这太可怕了！"正是因为有了这些可怕的想象，父母才会紧张得一个劲儿地劝孩子必须去上学，孩子越听越抗拒，一场"战争"又爆发了。

想一想，我们有没有过这种经历：早上闹钟响了，人还没醒，困得不想去上班。不想去上班，就是一种当下情绪的表达，如果这时伴侣带着爱意过来亲吻一下，是不是感觉好多了？

我认识一位妈妈，她的孩子就是不想去上学，搞得妈妈很焦虑。有一次，妈妈带着孩子来我家玩儿，我就跟孩子聊起天来："听说你不想上学，能跟我说说吗？"孩子告诉我，是因为学校里有个老师要求他考试必须考 98 分，还有个同学嘲笑他个子矮……当孩子向我倾诉这些烦恼时，我就安静地听着，时不时确认一下他的感受："哦，每次都要考 98 分？这样子真的压力好大啊！"实际上，孩子听我这么说，过一会儿自己又把话圆了回来："上学其实也不错……有小朋友一起玩儿，还是挺开心的。"所以，上不上学这件事，在孩子的感受里并没有那么要紧，是父母把它想的过于严重了。

总之，当对方没有请求我们给予解决方案的时候，我们要忍住，不要着急去解决对方的情绪和困扰，而是倾听对方，给对方一点空间。只要做到这一点，我们基本上就能够避免侵犯别人的界限，以及"好心办坏事"的尴尬。

04

在情感勒索中长大的男人

家庭里最孝顺的那个孩子，往往都是童年得不到父母的爱，

又被父母情感勒索的可怜孩子。

他们会不断地为父母付出，

因为他们总是妄想："我再多付出一些，就会得到父母的重视了。"

传统观念认为，找丈夫先得看男人孝不孝顺，懂得孝顺父母的男人才会疼爱妻子，才靠得住。其实，这是个天大的误会。有些男人对父母越孝顺，对妻子和子女往往越冷酷无情。

　　这是为什么呢？人的本性都渴望自由，渴望拥有自由意志。听父母的话，自由意志就会被压抑，自然感到痛苦和愤怒。所以，当受到父母强烈控制时，懂得反抗的是正常人，而有些人不仅不反抗，还要加倍孝顺父母，对父母加倍付出，他们内心的愤怒去哪儿了呢？

　　有一个案例，一个男人说自己总是幻想伤害妻子，他观察发现，尤其是当他的妈妈来自己家住的时候，他最想伤害妻子。原来，这个男人真正恨的人是他的妈妈——一个控制欲很强的母亲。但是，孝顺是天条，怎么能对妈妈愤怒呢？所以，愤怒就被压抑下来，转移到了妻子身上。男人意识到这个投射之后，果断地跟妈妈划清界限，他和妻子的关系也越来越好。

这可以解释一种现象：为什么有的男人谈恋爱时跟女人关系挺亲密，可一旦领了结婚证，办了婚礼，彼此就开始疏远，甚至连正常的性生活都没有了。结婚，意味着把两个人捆绑在一起，这会导致男人小时候被妈妈捆绑的愤怒、恐惧、无助等情绪被激发出来，他会无意识地把自己的妻子投射成妈妈，自然就会对妻子日渐疏远。一个女人嫁给了一个非常孝顺的男人，只要她与婆婆发生矛盾，丈夫就会指责她："我妈把我带大多不容易，你应该孝顺她，你怎么这么不懂事？"这是一个套路，分明是这个男人恨自己的妈妈，他隐藏的愤怒被妻子承接了，妻子替他表达，结果他反过来光明正大地指责妻子，把对妈妈的仇恨倾泻到妻子身上。

要想破解这个套路，有个小窍门：妻子可以反其道而行之。

丈夫不是孝顺吗？那就比他更孝顺，经常在丈夫耳边提醒他：你应该对你妈妈更好一点。这样丈夫就没法转移自己的愤怒了。

如果一个男人从小被妈妈情感勒索——要照顾妈妈的情绪，要以妈妈的感受为中心，那么这个男人表面上看起来对女人通情达理、愿意付出、很是包容的样子，但其实他的骨子里十分厌恶、鄙视女人。只要女人对他表达情感需要，他就会觉得无比沉重，恨不得赶紧躲开，甚至还会攻击和羞辱女人。在这种男人眼里，女人不可以有情绪，女人的情绪不是正常人类情感，而是发臭的恶疾，让人唯恐避之不及。在这样的婚姻中，如果女人不觉醒，继续跟男人纠缠，必然会变得越来越枯萎，越来越像一具绝望的行尸走肉。

家庭里最孝顺的那个孩子，往往都是童年得不到父母的爱，又被父母情感勒索的可怜孩子。他们会不断地为父母付出，因为他们总是妄想："我再多付出一些，就会得到父母的重视了。"这种妄想会驱使他们不惜把自己的小家庭掏空，可以想象，这样的小家庭是过不好的。所以，当我们选择另一半的时候，确实得看看对方是否孝顺父母。如果父母尊重孩子，孩子也爱父母，这就是一个完美的家庭。和来自这种家庭的人步入婚姻殿堂，未来的生活相对会更顺当。如果父母对孩子各种纠缠和控制，孩子依然很孝顺，你就应该警惕了。大部分人的原生家庭都不完美，但孩子有觉醒的意识，懂得反抗，懂得表达界限，那么也可以放心，因为这样的人依然保有表达情感的通道和能力，能够和另一半携手成长，创造爱。

05

—

付出感，
婚姻关系的坟墓

我们可以选择，
是活在为别人付出的妄想牢笼里，
还是为自己而活的自由意志中。

我们经常听到这样的剧情：我为这个家庭付出那么多，他却背叛了我。也常有类似"当代陈世美"的新闻出现：妻子辛苦赚钱养家，一心供丈夫在外读书，熬到丈夫毕业，丈夫却出轨，甚至要求离婚。

对此现象，大众和媒体一致的声音是谴责：这种男人忘恩负义，无耻之徒。做道德评判容易，却不能解决任何问题，也永远无法挽救一段关系。

我们真正要思考的是，到底是什么在维系两性关系？

两性关系，又叫亲密关系。为什么是亲密关系，而不是责任关系、付出关系、义务关系？顾名思义，维系两性关系最重要的是亲密感。有亲密感，两性关系自然能维持下去；没有亲密感的婚姻，通常是两种结果，出轨或离婚。

作为心理导师，我接触了大量婚姻关系案例。悲剧的现实是，很多婚姻已经不再是亲密关系，只是责任关系、付出关系、义务关系。处于这种关系中的人，有些已经出轨，有些已经或正在筹划着离婚。

亲密是什么？是两个人之间彼此有呼应，情感能量可以流动的状态。

当妻子说想吃苹果，丈夫立刻呼应，开心地把苹果递来，这就是亲密。如果是妻子觉得有义务为家人付出，像一道程序那样，每天为丈夫、孩子削好苹果，并要求他们必须吃，因为书上说苹果营养丰富，可以补充维生素。这样的过程中没有亲密，削一辈子苹果，也不会创造幸福流动的感觉。

是什么阻碍亲密，让许多婚姻变成"非亲密关系"？

亲密的能力，天然源于童年我们与父母之间的关系，尤其是母婴关系。当婴儿对母亲微笑，母亲也情不自禁地微笑起来，这种情感能量的呼应，就是亲密；当婴儿哭泣，母亲第一时间冲上前回应，安抚、陪伴哭泣的婴儿，这就是亲密；当婴儿吸吮着乳汁，甜甜地在母亲怀里入睡，这就是亲密。

悲剧的是，一代又一代人都在制造"孤独婴儿"。有历史和社会文化的原因，比如产假过短、隔代抚养等，也有现代"科学主义"制造的陷阱，比如科学哺乳、定点入睡、睡眠训练（训练婴儿独立自主入睡）。当母亲背离了母性本能，不能按需喂养，不能及时回应婴儿，婴儿与母亲的亲密依恋得不到满足，不得不过早学会自我安抚，导致了一批又一批精神上的"失联孤岛"。

失联的孤岛，因为过早失去亲密依恋体验，成年后也不知如何与人建立亲密关系，于是随之发展出各种策略，心理学上叫作"防御机制"，以避免在关系中被抛弃。这些策略，并不一定被清晰地意识化，很可能像木马程序一样，暗中操控了人的一生。

男人常见的防御机制是：我要更成功，赚更多钱，女人就不会离开我了。女人常见的防御机制是：我要努力照顾家人，为家庭付出越多，就越不会被抛弃。此外，常见的防御机制还有：我若可爱性感漂亮，就不会被抛弃；我若高学识有涵养，隐忍克制，就不会被抛弃；我若足够弱小，楚楚可怜，依赖对方，对方就会照顾我，不会抛弃我。

这些策略，都是童年时保护我们活下来的信念。比如，在重男轻女的大家庭，作为女儿尤其是中间的女儿，可能是家庭中得到父母关爱最少、最无足轻重，甚至被父母厌恶的人。若想生存下来，通常要勤俭节约、乖巧懂事，或帮父母分担家庭重担，才能有立足之地。童年的生存策略，烙印在潜意识里，成了控制自己一生的信念：我必须辛苦付出，才能维系亲密关系。

女性如果带着童年的烙印走进关系，很容易感觉到婚姻中的危机，就会付出得更多，然而越付出，婚姻危机越大。

比如辛苦助丈夫读博，最后却被丈夫背叛，并起诉离婚的温州林女士。法庭上她的丈夫哭诉了很多婚姻中的痛苦感受，比如在生活细节上他感觉被妻子全家瞧不起。这些痛苦感受之前都被写进信里，林女士看了却跟没看过一样，为什么呢？林女士的回答是：我平时忙着照顾家庭，没有更多精力，看了也就忘记了。林女士的潜意识信念是：我只要不断辛苦付出照顾家庭，就能维持这段婚姻。这个信念像魔咒一样控制了林女士的生命，让她看不见真实的婚姻关系，看不见真实的丈夫。真实的丈夫从未嫌弃林女士的付出不够多，而是急需情感交流，急需沟通婚姻中的感受。然而被潜意识魔咒控制的妻子，听不见也看不见丈夫的真实需要。

真实的情感需要不被看见，无法流动，情感的河流日渐干涸，出轨或离婚就成了自然而然的事情。人的内心深处渴望亲密，就像鱼儿渴望水一样，在婚姻中总是得不到，最终只能外求。

付出感给对方带来的内疚，是亲密关系的杀手。

不幸童年造就的潜意识魔咒，让很多女人相信：我付出那么多，如果他想离开我，就会内疚，所以他不会这样做。而事实是，内疚是人类最不愿意承受的感觉，所以古代有剔骨还肉一说，现在有很多男人宁可净身出户，也要离婚。

当一个人在关系中不断牺牲自己、辛苦付出，会累积越来越高的道德资本。道德资本像一座堤坝，拦截了爱和亲密的流动；道德资本越高，关系越趋近死亡。付出感必然伴随怨气，付出越多，怨气越重。若一个人累积道德资本到达"道德圣人"的极端程度，可以想象，这样的道德圣人，必然最终成为孤家寡人。若一个家族由"道德圣人"掌权，通常这个家族中，精神力量最弱的孩子可能会出现精神分裂症甚至自杀的情况，因为他背负了整个家族的怨气。

如果在关系中觉得自己是在付出和牺牲，就意味着"我不爱这个关系"。若父母对孩子抱怨"我为你付出了一辈子"，言下之意就是"我一辈子都没有爱过你"。

想象一下，女人遇见商场打折，疯狂购物一天下来腰酸腿痛，就算大多是买给家人的东西，这个女人也不会抱怨说："我今天为了这个家付出，非常辛苦。"因为女人爱逛街，再辛苦精神上也愉悦。在我们喜爱做的事情上，无论花费多少时间和精力，都是快乐的。同样，真心爱一个人，花三个小时为其准备晚餐，心里也甜蜜蜜，就连为对方熨烫衣服，也是一种享受。现实生活中，每时每刻享受当下不大可能，偶尔发发脾气、抱怨几句在所难免，但整体上，心中有爱的时候，不会觉得自己是在为对方牺牲和付出，因为这是自己真心想要的生命体验。

如果体验不到爱的流动，那么为这个关系做任何一点事情，都是在损耗自己的能量。所以，我们会期望对方感恩自己的付出，不要离开，因为已经为对方损耗太多。

如果你经常在关系中觉得自己在牺牲和付出，有怨气产生，那就需要仔细地觉察一下，你的潜意识是否被"魔咒"控制着。不幸童年写给我们的"魔咒"是可以解除的，这需要我们在生活细节中不断觉知。一旦发现自己有付出感，就问问自己：我真正想要创造什么样的生命体验？做这件事情，是我自己想要的吗？比如做饭时，发现自己在抱怨油烟，可以问问自己，我想要做这顿饭吗？如果想要，就带着爱，享受自己给家人做饭的感觉；如果不想要，出去吃或者叫外卖，也是很好的选择。同样做一件事情，我们可以选择是活在为别人付出的妄想牢笼里，还是为自己而活的自由意志中。

当我们能够从潜意识的"魔咒"中醒来，成为一个心理上的成年人，为自己创造内心真正想要的生命体验，自然能够建立起亲密流动的关系。更重要的是，我们不再是那个潜意识里恐惧随时被抛弃的孩子。成年人之间，不存在抛弃与被抛弃，只存在合适与不合适。无须再去讨好对方，只需要尽情为自己创造丰盛、亲密、流动的人生体验。

06

—

婚姻的底线

在婚姻中，彼此不能交流情感感受，
一方像黑洞一样总是毫无反应，或者不断评判、否定、攻击对方的情感需求，
这是世上最亏本的事情，因为亏掉的是人的生命力，是人对幸福的感受力。

经常有人问：婚姻的底线是什么？出轨、家暴是不是不能碰触的底线？很多人都说，出轨要么 0 次，要么 100 次；而一个跟女人动手的男人，绝对不能再信任。

我在工作和日常生活中，见过各种各样奇葩的婚姻，有一方出轨的，有双方出轨的，也有双方都默许对方出轨的，还有夫妻俩经常对打的。这些婚姻有的终结了，但也有越过越好的。所以，究竟什么才是婚姻真正的底线，一旦碰触就会无可避免地走向解体呢？

以我总结的经验来看，婚姻的底线在于两个人在一起开不开心。不开心的婚姻容易让女人的面容越来越憔悴，精神长期抑郁，生命力和创造力日渐衰退，而且越衰退就越不敢离开这段婚姻。而男人在不开心的婚姻当中，虽然也不会快乐绽放，但却不一定会随之枯萎。为什么呢？这是一个经典的婚恋模式，在中国至少能够涵盖六成以上的婚姻状况。表面看起来，女人无法仅满足于工作等外在的成就，总是会向外索求爱，她们需要得到男人的关注才能感受到快乐。而男人可以投入到工作、爱好中，以获得自我满足，反而对女人的需求抱着鄙夷的态度，"你看，我有力量自我满足，你却无法自理"。

这个模式其实是一个陷阱。男人真的可以自我满足吗？一个男人选择一个女人，恰恰是因为这个女人扮演了男人内在渴求爱的可怜小孩。这个小孩早早被男人锁在了他的心理地窖中，他需要通过一个索爱的女人来与自己的这部分联结。所以，男人喜欢女人像一个楚楚可怜的索爱小孩，同时又瞧不起她、鄙视她："你能不能独立一些，不要烦我？"男人把这种无助感扔给女人，让女人觉得自己很难独立和强大。

在这场梦幻游戏中，女人扮演无法掌握命运的弱者，哪怕自身条件很好，还是会变得越来越无力。如果女人从梦中醒来，像戒毒瘾一样戒掉向外索爱的瘾头，便可以获得真正的自尊和自由。从我以往接触的案例来看，一旦女人获得了真正的自尊，她和男人的关系也许会变好，也许会结束，而结束的原因恰恰是男人还活在旧有模式中。

在婚姻中，彼此不能交流情感感受，一方像黑洞一样总是毫无反应，或者不断评判、否定、攻击对方的情感需求，这是世上最亏本的事情，因为亏掉的是人的生命力，是人对幸福的感受力。所以，婚姻不能碰触的底线不是出轨，不是家暴，而是在一起真的不开心。

走出消耗自己生命力的关系，这个过程可能会遭遇很多痛苦，可能会经历一段恐怖的不存在感、重度抑郁等，什么糟糕的感受都可能发生。这就是为什么有些人即使陷入一段极其差劲的关系，即使很不快乐，也会自我安慰至少自己还拥有关系。事实上，如果我们足够勇敢地走出关系，在死一般的不存在感里待着，和它共处，痛苦终究是会过去的。一旦我们不再向一个爱无能的人索爱，不再向外寻求自己的生命支柱，那么内在的力量就会逐渐回归，热情、创造力、感受力会在我们身上复苏。到那个时候，我们才有自尊和自由去创造真正温暖有回应的关系。

这是我们对自己生命最大的负责。

07

自恋捍卫战

对与错的

如果一个人在乎自己的正确，
远远胜过在乎真实的关系和活生生的感受，
那么他的心理发育水平注定无法建立滋养的亲密关系。

有一种婚姻关系，无论外在看上去多么美满，实际却让人痛苦不堪。这就是婚姻中的一方或者双方有着脆弱的自恋，把捍卫自恋当作第一重要的事情。最典型的表现形式就是总在区分对错，更准确地说，总在捍卫自己是对的，证明对方是错的。

一位丈夫看不惯自己的妻子经常换衣服不拉窗帘，就提醒她"注意节操"。但妻子不但不听，还跟丈夫冷战。丈夫很困惑：谁对谁错很明显啊，难道真的不能跟女人讲道理吗？

这件事情本来很简单，如果丈夫担心妻子换衣服被别人看到，把窗帘拉上就好，或者幽默地说："老婆这么漂亮，我怎么舍得让别人偷看？"生活中鸡毛蒜皮的小事硬是要上升到对与错的评判，当然就会演变成一场"战争"。很多夫妻一辈子都在为无数的小事分对错，争个你死我活，证明"我是对的"似乎比两人的感情还重要。

一对夫妻准备上床睡觉，床头放着饮水机，妻子撒娇要丈夫倒杯水给自己喝。丈夫倒了水，但递杯子的时候表情麻木、动作僵硬。妻子又撒娇要丈夫"热情地倒水"，丈夫突然愤怒了，责怪妻子索求无度、自私、懒惰……妻子被贴上一大堆标签，心里很委屈：我就是逗乐一下，怎么就变成十恶不赦的坏蛋了？

这个例子听上去有些匪夷所思，它以一种极端的形式把"宁可毁坏感情，也要争个对错"的心理展现无遗。妻子要丈夫倒水，并不是因为自己不能倒，而是想要通过这种方式，与丈夫建立关系。实际上，妻子在小时候见过自己的姑姑、姑夫一边倒水一边逗乐，在她的记忆中，这是一幅温馨幸福的画面。而丈夫的童年不是这样，每个家庭成员似乎都在心不甘情不愿地付出，内心积攒着怨气。因此，在丈夫内心深处，他其实不愿意为任何事情付出，只想自己待着，不被别人打扰。这个丈夫既没有能力，也没有意愿去经营一个有互动、有回应的亲密关系。当妻子要他倒水时，他无法感知这是一种关系互动，是夫妻间表达亲密的一种途径，而把它评判为是妻子自私、懒惰地索取，是对自己的剥削，"我已经忍气吞声地给她倒了一杯水，她居然还不知足，还想要更多，实在太可恶了"。

总结一下，这个丈夫的心理动力是，他自恋地认为自己是一个好人，尽管心里一点儿也不想满足别人的情感需求，但又要维持"我是个好人"的人物设定。怎么办？只有批判别人是坏人，"你纯属无理取闹、自私、恶意，总之我是对的，你是错的"，这样，"我是个好人"的自恋才可以维持，虽然代价是关系被破坏，甚至关系根本无法建立。

这听上去荒诞而可悲，为了一个虚无缥缈的自恋幻觉，宁可斩断现实中的关系，制造冲突和不幸，然而人性中就是存在这样的缺陷。在修行中，这叫作"小我"，即头脑虚构出来的自恋小我，它的存在基础是不断证明"我是对的，我是好的"。"小我"永远都没有错，因为如果它发现自己错了，发现对自己的认知是种幻觉，就会面临破碎死亡的威胁。"小我"正是通过拼命攻击对方，证明对方是错的，来捍卫自己，为此不惜指鹿为马，对事实视而不见。

如果一个人在乎自己的正确，远远胜过在乎真实的关系和活生生的感受，那么他的心理发育水平注定无法建立滋养的亲密关系。在他的关系中，另一方必然会枯萎，甚至会怀疑自己的欲求是可耻的，不敢再发出声音，不敢再期盼得到回应。

如果你仔细观察，就会发现自己和周围人或多或少都遇到过类似的关系。这时要相信：我们的欲求没有错，错就错在不该向"爱无能"的人发出渴望。

什么是好的关系？有一个鸡蛋和石头的寓言：鸡蛋天真地跟石头在一起了，活得小心翼翼。可是，鸡蛋再怎么注意，也避免不了跟石头磕磕碰碰，日子一久，弄得自己伤痕累累。鸡蛋坚持不放弃，继续精心经营着这段关系。终于有一天，鸡蛋受不了伤害，决定离开石头。后来，鸡蛋遇到了棉花，棉花也爱上了鸡蛋，它们的每一个拥抱都那么温暖。这个时候鸡蛋才明白，努力和坚忍不一定能换来温暖，只有选择合适的那个，才能活得轻松幸福。

如果一段关系总让你觉得自己是错的，让你越来越不敢发出真实的声音，那么这肯定不是好的关系。好的关系，不是没有冲突、没有问题，而是无论自身带着什么样的问题，它都不会让你感觉自己不好，两个人可以一起面对、一起成长。

如何辨别和避免与困在自恋"小我"中的人交往呢？这种人，有的表现比较明显，比如总是一张怨气冲天的脸，一副"我永远没错，错的都是别人"的表情，不停地抱怨指责。大家一看到这样的人，就知道要远离。还有的人则隐藏较深，平常接触时并没有什么异样，但深入交往就会发现他有着牢不可破的自恋。有一个比较准确的检验方法：遇到困难、冲突或意外时，看对方是跟你一起面对，着重解决问题，还是急于指责你。因为自恋的"小我"总是认为问题出在别人身上，关注的是如何推卸责任，绝不会真心跟别人站在一起解决问题。比如，在一些家庭中，孩子哭闹时，丈夫不是跟妻子一起安抚孩子，而是指责妻子不会哄孩子；在一些公司里，当产品出了问题，客户不满意时，有的员工不是马上解决问题，而是急于证明都是同事的错，自己一点责任都没有。

危难的时候，才能见到真实的人性。这个危难，不需要多大，生活中的一点挫折或工作中的一点意外，都可以从一个人的态度表现中，看出他真实的人性。

不与真相
较劲

01

—

成长，不要太用力

内在问题模式的呈现，
几乎无可避免地会触发我们的焦虑，
让我们特别想改变自己，活成更好的样子。

我是一个特别擅长不放过自己、跟自己较劲的人。尤其是学了心理学之后，看到自己内在那么多的问题模式，就像要攻关打仗一样，一个一个地消灭所有病态防御模式，要把自己训练成心理学上认为的健康人格模式。这种心理的背后，其实是全能感在作怪：只要我肯努力，没有事情搞不定。多么全能自恋啊！

　　为什么我会如此全能自恋呢？因为我的整个童年时期都活在深深的无力感当中。毕竟，一个婴幼儿，一个小孩子，自己能有多少力量呢？如果妈妈看不见他，不回应他，他就只能感到深深的无力。在这种无力感当中，我会感觉：要想好好活下去，必须靠自己拼命去争取。所以，我一直在跟自己、跟别人、跟一切我所认为不应该的事情较劲，始终活在战斗模式中。

内在问题模式的呈现，几乎无可避免地会触发我们的焦虑，让我们特别想改变自己，活成更好的样子。这种内在动力非常珍贵，正是它驱动着我们不断认识自己、深挖自己、成就自己。然而，如果我们过于用力，就要看看这背后又发生了什么剧情。也就是说，我们想要活得更好，确实需要不断地让自己成长。但是一旦用力过猛，这种美好的成长动力又会变成新的牢笼。

我的一个好朋友，属于回避型人格障碍（如果用心理学的话来说），他非常勤奋地认识自己、分析自己。比如，他在自我分析的时候一直有个目标：不应该回避，不应该内向。他会要求自己不断地多接触人，向这个世界敞开，拥抱这个世界。虽然听上去很美好，但其实是在跟自己较劲。如果当下的自己就是内向的，不愿意跟外界有过多交往，我们为什么不能够温柔地陪着这个有点儿孤僻的小孩呢？就在这个当下，他想要更安全地躲在自己的小世界里，这个愿望有何不可？当一个孩子得到无条件的陪伴、无条件的允许时，他的状态自然会慢慢改变，成年人也是一样，也需要无条件的爱来静待花开，做自己最好的父母，不含期待地陪伴自己内在的孩子。

无论我们在成长过程中发现多少问题模式，分析出多少扭曲的动力，都要保持一种温柔的觉知：我不是要训练和改变自己内在的小孩，而是要试着去理解他，陪着他慢慢走。

我的一个女性朋友跟我特别像，她在事业上做得很成功，也充满全能自恋。但是有一点很有意思：她经常梦见自己住在破破烂烂的地方。事实上，她的房子很豪华，出行也都是入住高级酒店。那她为什么一做梦就回到破烂不堪的所在呢？这件事让她颇为苦恼，她觉得自己应该想办法分析和解决这个问题，于是不断地做心理咨询，不断地解梦，想要更深层次地认识自己的内在。当然，这种追求自我认知的过程很好，但背后的动力却是，我得消灭这个问题——白天我住在豪华的大房子里，晚上我做的梦也应该是精彩的。这样一来，外在的物质世界是丰盛的，自己的内在世界也是丰盛的，我的人生岂不是越来越丰盛，越来越美好？这些想法都没有错，可是，跟自己较劲的这个过程真的很苦、很累，可不可以温柔地放过自己？

"我了解，我做梦的时候会进入一个破烂的房间，我愿意去认识自己的内心世界，同时也允许自己，承认当下的事实：我梦中就是会住破烂房间，这种梦不需要被狠狠地压抑、生硬地改变。"做过很多分析之后，这个朋友始终没有解开烂房间的梦，但是学会了放过自己，烂房间的梦也不知不觉间消失了。

希望每个人都能放过自己，温柔以待。我因为不放过自己，太想要改变自己，吃过很多亏。事实证明，我所有改造自己的努力，反倒是绕了大弯子。最快的成长路径，其实恰恰是最温柔、最不用力的——看见自己，放过自己。

02

不优秀，
不配活

成年人想要通过"作"的方式来刷存在感，
确认自己是否配得上无条件的爱，显然是行不通的。
想要得到救赎，自我负责才是最重要的先决条件。

我的一个好友跟丈夫吵架，连续三天都不回家，晚上在我家过夜。我问她为什么吵架，她竟然说记不清了，之所以如此生气，是因为吵架的时候丈夫没有哄她，她大吵大闹了一通，最后决定离家出走。其实，她最渴望的是，无论她怎么无理取闹，老公都应该过来抱着她、哄着她、宠着她。

　　有的人看到这里，肯定会想：这就是"公主病"啊！有这种病的女人，在生活中一定是处处矫情、各种不懂事。事实上，我的这位好友名校毕业，知书达礼，善良体贴，属于人见人爱的那种。尤其在养育孩子方面，我更是要竖起大拇指来夸她，她不仅把孩子养得活力四射，还在经济上成了家里的顶梁柱。

　　好友问我："有时候我自己也觉得有些无理取闹，可就是渴望那种被老公哄的感觉，这是为什么呢？"我很了解她，对她说："你就是从小到大太努力、太懂事，'不优秀就不配活'的恐惧根植于你的潜意识中，你才会渴望老公能用无条件的爱宠着你，就像你对你女儿一样。"她听我这么一说，眼泪就下来了。是啊！这么多年来，为了解除"不优秀就不配活"的"魔咒"，她一直在想方设法地"作"，想测试丈夫对自己的爱到底是不是无条件的。但是，丈夫显然没有交出令她满意的答卷，略感欣慰的是，丈夫也没有反击她。

人最可悲的事情之一，就是婴幼儿时期已经学会了懂事。我妈妈说我婴儿时期特别乖，吃饱了就睡，几乎不哭，看见人就笑。而我看自己婴儿时期的照片，脸上分明写满了不高兴。那种不高兴，不是因为发生了某件事情不高兴，而是固化成生命底色的不高兴。为什么婴儿时期的我就已经那么不高兴了呢？因为妈妈几乎不抱我，对我没有任何回应，她像石头一样待在我身边，只负责喂奶，以保证我活下去。我渴了、饿了、痛了，都不敢表达，也不敢哭，只要看见其他人，就努力冲他笑，希望他能因此多看我几眼，抱抱我。长大成人后，我有幸得到很多人的欣赏，整体上讲，我也很喜欢现在的自己，但是在潜意识深处的自我意象中，我看见自己如同下水道里的虫子，被永远遗忘在黑暗的角落。

这个自我意象源于早期的母婴关系。如果母亲不愿意或者不能够跟孩子进行眼神、肢体的互动，孩子无法从母亲眼睛中映照到自己的脸，他会觉得自己一文不值。比如上文提到的那位好友，她的皮肤好得像瓷娃娃一样，人见人爱，可是每次听到别人对自己表达喜爱时，她都是一副难以置信的表情。这表情背后的潜台词是，我这种人怎么会有人喜欢呢？为了破除这种低自尊的自我意象，她时常在丈夫面前表现得刁蛮任性，期待丈夫依然用充满爱的眼神望着她、环抱她，仿佛只有如此，她才能得救。

这让我想起另一个好友的故事。前几天，她带着未婚夫来看我，我第一次见到她那么开心，简直笑成了一朵花！以前的她可没有如此发自内心地幸福过。现在的她是一个性感漂亮、事业有成、品位出众的女人，追求她的男人多得数不过来。但我知道，她在高中时期性格古怪，受到同学们的排斥，连交个朋友都难，而且那个时候她身材很胖，也不会穿衣打扮，可偏偏班上就有一个男生无条件地喜欢她。上大学之后，两人失去了联系，后来几经辗转联系上，立刻成了令人羡慕的一对。我观察这个好友，她为什么会这么幸福呢？因为她在这个关系中得到了确认——确认自己无论怎样都会被爱，所以才无比信任地交托自己，无比放松。

一段美好的关系确实是一种绝佳的救赎。然而，在这种关系降临之前，还存在一个规律：如同银行只愿贷款给不缺钱的人一样，真正的爱也只降临在不缺爱的人身上。好友之前的恋爱经常不顺利，她惧怕孤独，几乎不能一个人待着，所以当上一段关系结束后，她会马上开始下一段关系，这让她在关系中吃尽了苦头。我开导她试着自己待一阵子，她却说："不行，我宁可在关系中受苦，也不愿意独自面对孤独的深渊。"之后，她一直接受心理咨询，不断学习和觉知，终于断了"从男人身上刷存在感"的想法，"孤独就孤独吧"。结果不到一周，她就遇到了现在的未婚夫，也就是中学时代的初恋。

能够信任一个人会无条件地爱自己，确实是一件很幸福的事。这种信任从何而来？想象一个孩子，他因为某些事情不如意而歇斯底里地大哭大闹，有的父母可以忍受，哪怕孩子攻击自己，也能够充满耐心地包容，抱着他，哄着他。那么，这个孩子就可以尽情地让自己的情绪感受流动，并且相信会得到父母的温暖回应。这样一来，他自然用不着过早地"懂事"，而长大之后，他也将拥有包容自己和别人情绪的能力。

可是，如果是一个成年人像孩子一样爆发，不断地攻击另外一个成年人，他有多大的机会能得到对方的包容？几乎不可能，结果往往会落得一个"爱作死"的坏名声。成年人想要通过"作"的方式来刷存在感，确认自己是否配得上无条件的爱，显然是行不通的。想要得到救赎，自我负责才是最重要的先决条件。

话题回到那个经常和丈夫"作"的朋友身上，每次当"作"的念头升起时，她可以这样觉察：确认无条件的爱，这是我的需要。我首先得为自己的这个需要负责，去觉察背后"不优秀就不配活"的内在剧情。在自我负责的基础上，我再请求老公帮忙，可以向他讲述自己的心路历程，请求他在自己发脾气的时候尽量给予拥抱。同时让他知道，我发脾气不是他的错。

当丈夫了解了她的内在渴望，自然就会更加理解她的情绪，减少对她情绪的恐惧和对抗，这样一来，丈夫的包容力也提高了。人心都是相通的，当我们肯自我觉知、自我负责的时候，通常对方也更愿意陪伴和倾听，更主动给予回应。为什么呢？因为轻松啊，内心没有了恐惧和负罪感。面对生活中的点点滴滴，两个人互相看见，互相给予爱的确认，关系自然会越来越好。

女人也好，男人也好，我们大部分人内心都住着一个不敢确信自己被爱的小孩。分享我自己的一首诗，以此作为本节的结尾。

让我们小心翼翼

捧出自己的阴影

请求对方看见它，轻抚它

阴影并非生而丑陋

只是未曾被过去最重要的人看见

当青蛙与公主深深一吻

光华即现

为寻求生命的完整

我们生而为人

因真实的呈现而彼此深爱

我爱你过人的英明坚毅

也爱你软弱的犯蠢退缩

透过你的眼睛

我碰触自己的存在

安然地呼吸

03

—

不
让
自
己
成
为
对
方
的
囚
笼

每一个孩子的成长都有自己天然的精神内核来指引，

父母能做的最好的事情，

就是保护这个精神内核不被破坏。

在爱和自由的土壤中，智慧会自然生发。

有人说，自从有了孩子以后，自己整个人生都被孩子占据了，想静下心来读点书、学些东西，或者培养下兴趣爱好，都没有时间。为什么会这么忙呢？仔细一问，原来这些妈妈从早上醒来就开始焦虑：孩子有没有按时起床，有没有好好吃饭，吃的数量和种类是不是跟自己所想的一样……好不容易把孩子送到学校去了，晚上放学回来又要操心：怎么还不写作业？又在玩平板电脑……等孩子终于写完了作业，他怎么还不洗澡？洗完澡怎么还不上床睡觉？……总之，从早到晚，妈妈所有的注意力都放在孩子身上，都在找孩子的问题，希望孩子的一言一行，每分每秒，都跟自己设想的一模一样。

　　我们可以想象一下，这种日复一日的焦虑，不仅困扰父母，也让孩子感到痛苦，整个家庭氛围都会变得沉重、不幸福。

　　然而有的妈妈，养育不止一个孩子，生活照样精彩，有时间做自己的事情，也有自己的爱好，不输给任何一个单身人士。这些妈妈还经常自己带孩子，而不是全交给保姆。她们是怎么做到的呢？细细了解就会发现，能把自己的生活过得充实的妈妈，通常都不太管孩子，但她们的孩子却常常特别自律、懂事。有人或许会说，因为孩子懂事，所以父母才能不管。这其实是颠倒了因果：孩子之所以懂事、自律，恰恰是因为父母不把眼睛盯在孩子身上，这样孩子才能够保持内在的节奏，安排好自己的生活。

　　我经常说"尊重界限"。如果是孩子自己的事，就应当尊重孩子的界限，让他做主；如果涉及父母和孩子双方的事，则需要与孩子协商。比如父母送孩子上学，需要考虑自己上班的时间，得跟孩子商量，定好一个出门的时间；至于孩子几点起床、几点睡觉，那是他的事。在这种原则下成长起来的孩子，就是大家所谓的"自律"的孩子。所以，每个发自内心自律的孩子，都是被充分尊重、给予自由的孩子。

我们说"给孩子爱和自由"，不仅是为孩子好，更重要的在于放过我们自己。如果我们把所有注意力都放在孩子身上，就等于给自己建造了一座监狱。在这座监狱里，孩子不得自由，我们也失去自由。

我有一个还在上小学高年级的妹妹，我们在一起生活时特别轻松，没有矛盾，因为我完全尊重她的界限。她也会遇到很多问题，比如有时候考试成绩不好，有些学科她就像没开窍一样，学得不太好，还有晚睡等毛病，总之各种各样孩子常见的问题她都有。我想要试着启发一下她的数学思维，但是讲了几句之后，我觉察到能量不顺畅。在我教她的过程中，妹妹不舒服，我也不舒服。所以，我果断放弃。我对她说，数学暂时学不好就不好吧，顺其自然，没关系。这个时候，爸爸打来电话，向我"控诉"妹妹的问题和毛病，希望我能够管教一下。我跟爸爸说："我也是你的女儿，我上学的时候成绩很好，经常考第一。可是你知道吗？大学毕业之后，我面临的问题是要不要活下去。我每天都在痛苦之中，因为我的整个童年都是阴暗的。如果童年哪怕有一天，甚至一个小时，我是快乐的，都会成为我成年之后活下去的动力，都会成为我今天能够给自己创造一个还算美好的生活的种子。但是，我的童年已经没办法改变了，我不希望妹妹再走我的老路，希望她的每一分每一秒，只要我能呵护，就给她呵护，给她自由和快乐。"爸爸听完我的话，很受触动，便不再盯着妹妹的成绩和作业了。

在此之后的一段时间，妹妹获得了自由。她过完假期回学校上课，大概两个月之后，跟我说："姐姐，我太幸福了，我觉得自己一下子从那种很迷茫的冲突、压抑的噩梦中出来了，不再觉得上学是一件痛苦而备感压力的事情。相反，在学校可以见到我的小伙伴们，可以学习自己喜欢的东西，可以探索世界——上学变成了一件快乐而有趣的事情，每天放学回家我也不觉得痛苦了。"

其实，我妹妹和父母的关系也大有问题，她的童年也有很多阴影。后来她跟我说，她的数学成绩一下子就变好了，很多数学问题很容易就理解了，不像以前一团糨糊，突然间一切都通顺了。我真的很为她高兴。同时，我也在思考：为什么她之前学数学没什么逻辑？我看到，她面对数学的时候，那种没有逻辑的状态，和她在家庭里面对父母之间的冲突、痛苦时的状态是一样的——混乱和迷茫。经过一段时间浸润于自由的环境中，她整合了自己的内在，找到了内在的中心——她学习的时候，是带着内在中心的。内心顺畅了，面对数学时的感觉也顺畅了，所以特别容易学会。现在，妹妹的学习成绩相当好。

如果父母教孩子学习，或者督促孩子学习，会让孩子感觉到不舒服，这种不舒服的能量最终会损害孩子的学习能力，损害孩子与事物本质直接建立连接的能力。

每一个孩子的成长都有自己天然的精神内核来指引，父母能做的最好的事情，就是保护这个精神内核不被破坏。在爱和自由的土壤中，智慧会自然生发。养育孩子，不仅是为了孩子，更重要的是为了我们自己的成长。当我们肯放手给孩子自由，当我们肯把注意力从挑孩子毛病转移到自己的内心，为自己而活，就是放过孩子，也放过了自己。

04

评判与不接纳 让关系受伤

评判无论对自己、对别人都没有正面意义，
只会加重自己内心的分裂和痛苦。
因为当我们评判别人的时候，
我们的人际关系不可能舒服，自己也不可能轻松愉悦。

朋友 A 乐于助人、开朗热情，又很有智慧，我很喜欢她。我跟 A 聊天，她说自己被一个曾经的好友 B 拉黑了，这让她觉得遗憾，因为她很欣赏好友 B。正巧，这位好友 B 我也认识，也是我很喜欢的一个人，于是我好奇地问到底怎么回事。朋友 A 回答说自己也不确定具体是什么原因，回想起来可能是她对 B 的评价，让 B 感到不被接纳。

这让我想起 A 和 B 之间的一些琐事。B 的儿子受过较为严重的心理创伤，有时会有一些怪异的行为表现。B 意识到这一点之后，非常努力地学习，改变自己的养育方式，甚至辞掉工作，在家专心陪护儿子，弥补儿子失去的爱。有一次，B 带着儿子，和 A 一起到别人家做客，B 的儿子反复用脚轻轻踢女主人，虽然踢得不重，但看着也挺烦人。A 是一个感受力很敏锐的人，她察觉到这个时候女主人已经很难受了，但是女主人却没有制止孩子的行为。A 觉得很尴尬，她认为 B 作为妈妈，应该出面制止孩子这种不礼貌的行为，然而 B 什么也没做。A 心中对 B 有了一些不满："这个妈妈太不懂事了，也不知道管管孩子，不会为别人着想。"

还有一次，也是 B 带着儿子去别人家做客，她的儿子弄乱了女主人的东西，临走之前，B 没有主动帮忙收拾，而是把乱糟糟的摊子撂下了。A 觉得 B "有些自私，素质堪忧"。其实，B 平时是一个随和、大方的人，只要朋友有需要，她都乐于出手相助。当然，A 眼中看到的 B 不好的一面也是真实的。真实的人就是有很多面，有勇敢、智慧的地方，也有缺点、盲点，这才构成一个有血有肉、活生生的人。

伤害关系的，不是一个人有缺点——大家都有很多缺点，事实上，真正伤害关系的是评价和不接纳。那么，没有评判的关系是什么样子？比如孩子踢女主人，妈妈没有制止这件事，我们不去讨论"妈妈应不应该制止",因为每个人的行为选择背后,都有自己的考量。我比较熟悉 B,她知道孩子的刻板行为背后有一些心理诉求,所以她的原则是尽量不去制止孩子的自发行为。

这里插一段题外话,有一种有趣的现象,越是表现无助、能量上退缩的人,越是容易遭受攻击,攻击者似乎无意识地想要打破对方的退缩,让对方敞开能量接纳自己。我们在孩子身上也容易观察到这种现象,有的孩子会反复刺激那些心理上比较封闭的人,就像要打破他们的"壳"一样。那个被孩子踢的女主人,正是常常表现出楚楚可怜、退缩的样子。这样的状态既容易引发一些人的保护欲,也容易引发一些人的攻击性。所以富有正义感的A 当时就忍不住在心里替她打抱不平。

如果我们跳出这些剧情来看,女主人是一个四肢健全的成年人,被小孩踢了几脚,她完全有能力躲开,或者制止孩子的行为,保护自己的界限,然而她没有这么做,只是无助地难受着、忍耐着。当然,这些也只是我个人的分析、推测,总之,能看到的事实是,孩子对女主人表现出攻击性,而妈妈没有制止。A 作为一个旁观者，该如何不带评判地去应对这个场面呢？其实，只要没有评判，怎么做都是好的。比如，她可以温柔地抚摸孩子的脊背，通过玩游戏来转移孩子的注意力。或者，也可以跟女主人聊聊："我看到孩子总是踢你，要是难受就坐到我这边来？"通过这样温柔的对话来帮女主人恢复跟自己身体的连接，获得觉知。

再或者，她可以什么都不做，也很好。为什么呢？因为就更高的层面而言，每件事情的发生都有道理。当然，要排除一方行为不能自理的特殊情况，比如我们看见孩子踢的是一个刚出生的小婴儿，这种情况肯定要及时制止。如果被踢的是一个健全的成年人，面对孩子的越界行为，感到难受、痛苦，却没法保护自己，这或许是一个自我觉察、自我认识的好机会——"为什么我在小孩面前都无法保护自己？为什么我经常呈现出无助的样子？这是不是与我惯常的内在关系模式有关？我可不可以试着跳出楚楚可怜的角色，成为一个有力量保护自己、自我负责的人呢？"这就是界限的含义。

　　作为旁观者，如果我们看到无助的人，总是忍不住跨越界限，替对方表达，替对方出头，这么做是不是也剥夺了对方自我成长、自我负责的机会呢？

　　再说孩子弄乱主人的东西，妈妈不主动收拾就告辞这件事，如果 A 不带评判地轻松说一句："我们等会儿再走，先帮主人收拾一下吧。"我想，B 听了这个提议也许会恍然大悟："对啊，我光顾着焦虑孩子的事，都忘了收拾孩子弄乱的东西了。"其实，我很理解 B 的状态，孩子的问题让她压力很大，由于孩子的怪异行为，她经常受到老师、同学、同学家长的评判和不接纳，正在考虑移民，为孩子换一个成长环境。对于一个并不十分富有的家庭来说，做出移民的决定不是一件容易的事情，B 的焦虑可想而知，做事情欠妥当也情有可原。

　　我和 A 探讨完整件事情之后，她也陷入沉思。她说："我从小就被妈妈教育，要做一个负责任的人。为了达到很高的要求，时时刻刻都要懂事，为别人着想，承担责任。这既让我获得了很多赞誉，也给我的生活制造了很多麻烦。比如我的控制欲很强，经常侵犯别人的界限而不自知，自己也活得很辛苦。"A必须做一个负责任的人，否则就会被妈妈鄙视和抛弃。这个恐惧铸就的人生信条，给A制造了很多分裂和冲突，一直驱使着她忍不住去评判那些跟自己不一样的人，所谓"不懂事的人"。这样的评判源自她内在的不自由，而评判背后其实是深深的恐惧。所以，当我们想要评判他人时，可以借此机会好好地向内看，看到自己的不自由和恐惧。

想起自己曾经历的一件事。我到马来西亚潜水，那个地方的条件比较差，房间里没有吹风机。我潜水上岸后，在公共自助服务区域看到一个吹风机，还是全新的，应该是公用的，于是拆开包装，用它吹干了头发。第二天，我又去找吹风机，结果没找到。第三天还是没有。我去问工作人员，但对方的英语不太好，我没有完全听明白，只听见似乎说了一句"吹风机在×号房间"。我心里忍不住评判："×号房间的人真是没素质，用完吹风机也不主动还回公共区，一点儿也不考虑别人。"当我去找×号房间的人要吹风机时，才得知，这里的吹风机都是旅客自己带的，他忘了带，于是请工作人员帮他买了一个。我恍然大悟，难怪之前的吹风机连包装都没有拆。

　　事后我反复回想这件事，为什么我会如此容易地对别人产生评判呢？我凭什么如此自信，认为自己所了解的就是全部事实？即便是事实，我就有资格去评判对方吗？带着评判的语气沟通，这样的说话方式对双方有好处吗？设想一下，假如吹风机确实是公用的，对方借走了没还，我为了自己天天能使用吹风机，也应该语气平和地跟对方沟通，把吹风机拿回来，同时避免不必要的冲突。很显然，当我语气中不带评判时，对方会更愿意配合，因为他更放松，更有空间去反思自己的行为。而如果我为了教育对方，为了所谓的"公平和秩序"，我的评判只会加重对方的羞耻感和抗拒感。

　　评判无论对自己、对别人都没有正面意义，只会加重自己内心的分裂和痛苦。因为当评判别人的时候，我们的人际关系不可能舒服，自己也不可能轻松愉悦。更何况，我们看到的情景也不一定是真正的事实。只有当我们看到一个人全部的存在，才会明白每个人、每个当下的行为选择都是有原因的。在全部的真相面前，所有的评判都会消失。当然，我们有时无法看到全部的真相，但至少可以在评判的念头升起时，觉察自己内在的分裂和恐惧。对别人少一些评判，也是放过自己。

05

—

哪里有改造，
哪里就有反抗

活在改造别人的妄想中，最直接的影响是给自己造了一座监狱。
很多女人一辈子都活在"我对你无限付出，你就能爱我"的剧情中，
一辈子都在牺牲和怨恨，一辈子都得不到爱。

微博上有个网友说，妈妈居然擅自把她哺乳时蓬头垢面，甚至露着乳头的照片和视频发到亲友群里，这让她着实生气，去跟妈妈理论，结果大吵了一架。妈妈说她小题大做，很多亲友都站在妈妈那边。"难道我真的做错了吗？可我觉得妈妈才是那个不懂得尊重别人，不懂得界限的人。"她说。

　　在这件事情中，我能看到：这个网友非常想改变自己的妈妈，期望把"不懂得尊重别人，不懂得界限"的妈妈变成一个理解、尊重自己的人。我分析过"妈宝男"的心理动力，有的读者就会问我："我老公就是这样，我怎么做才能让他明白这一点？"这是很直接的改造欲望。还有一些更隐蔽的提问，像"我老公有很多问题，我应该怎么和他相处呢？"这个问题貌似是在问自己应该怎么做，其实还是想改变对方。"我怎么做才能改变老公对我的态度？" 这是经典的自恋式改造妄想：只要我努力做些什么，学习更好的沟通方式，或者让自己更优秀，更符合对方的期望，对方就能好好对待我。

孩子对于改造的能量最为敏感。我经常讲，要给孩子爱和自由，尊重孩子的界限，不去控制他。有的家长跟我反馈："李老师，我已经按照你说的做了，允许他玩儿平板电脑，可是他已经玩儿了整整两天，还不放下。"这依然是改造的欲望，只不过手段升级了，用 "我先给你一点儿自由"这种更高明的控制手段，但孩子能感受到。只要他感受到家长的改造欲望，那么这种所谓的自由给了也白给，孩子知道自由的甜头不会长久，手中的平板电脑随时可能被夺回，自然不肯放下。

关系中有一个不变的规律：只要有改造对方的欲望，就一定会遭到反抗，哪怕它听上去再正确合理不过，比如"我这么做是为了你将来的幸福""我这么做是为了你的身体健康"等。只要有改造，就会有反抗。反抗的形式多种多样，有直接反抗，"我不听你的""我不按照你说的做";也有间接反抗,"行为上看似听你的,心却对你关闭""拿自己撒气,或者寻找其他发泄口,等到情绪达到引爆点再来攻击你"。反抗的结果往往十分惨烈,比如有的孩子弄垮身体、牺牲学业、毁掉事业,以此来报复父母的控制,证明父母错了。

再举个亲密关系中的例子。丈夫出门前,妻子叮嘱一声"慢慢开车,一路平安",这会让丈夫感觉很温暖。但如果妻子反复唠叨,甚至批评丈夫"你这个人平时就马虎冲动,你记住啊,千万不要开快车",反而会引起丈夫反感,他开车的时候内心就会有一种控制不住的冲动,总想狠狠踩油门,做出一些危险的动作。这就是我们无意识的对控制的反应。

最极端的控制与反控制,是父母把孩子送进戒网瘾机构进行虐待式的"行为矫正",孩子被非法囚禁,遭受惨无人道的虐待。那些孩子出来以后,很多都有自杀倾向。有新闻报道,有个女孩逃出来之后把自己的妈妈捆绑起来杀害了。最极端的控制是你死我活,甚至同归于尽。

活在改造别人的妄想中，会给自己的人生带来什么影响呢？最直接的影响是给自己造了一座"监狱"。很多女人一辈子都活在"我对你无限付出，你就能爱我"的剧情中，一辈子都在牺牲和怨恨，一辈子都得不到爱。这难道不像终身监禁吗？

我自己也曾陷入改造妄想中不能自拔，而且，我的改造妄想看上去更高级一些。因为我不断自我觉察、自我改变，每天都在成长进步，对自己越来越有觉知，人格中病态的部分越来越少，人际关系也越来越好。直到有一天，一个特别好的朋友点醒了我，他非常不客气地对我说："李雪，这么多年了，你还是没什么根本性的长进，还是过去的老样子。" 我听了特别不服气，我的成长大家有目共睹，微博上有很多粉丝喜欢我、支持我，他怎么能这么评价我呢！他接着说："你依然在渴望那个看不见你的人能够看见你，这么多年了，一点没变。"

这句话就像惊雷一样炸醒了我，确实，我每天都在觉察自己的剧情模式，但是底层的幻想却一直没有变——对方看不见我，是因为我还不够好，如果我的心理越来越健康，沟通能力越来越好，对方就能看见我、回应我了。天哪！这个妄想的牢笼一直囚禁了我三十多年。这三十多年里，我没有享受过自己的人生，因为我的所有着眼点都在怎么改变对方，让对方看见我。我就像笼子里的困兽，不断思考，不断撞击笼子，想要让笼子消失，而事实上笼门一直是敞开的，只是我自己不肯走出去！真相很简单：我不用撞击谁，我也没有被谁捆绑，只要不再跟笼子较劲，走出去就行。

有很多成年人跟父母相处起来很郁闷，他们向我诉苦，担心父母的一些做法可能会伤害自己的孩子，问我该怎么办。这就好比你把孩子放在老虎旁边，然后问我："万一老虎咬到孩子该怎么办？"老虎就是会咬人，这是它的本性，但问题是你为什么要把孩子放在老虎旁边？为什么要跟可能伤害自己、伤害孩子的父母住在一起？也许你能找到一万个理由：要上班，没人带孩子；收入低，请不起保姆；就算请得起保姆，也不放心……这些都只是表面上的原因。作为成年人，不跟父母住在一起，无论如何也不会让自己和孩子饿死吧？促使你和父母住在一起的真正动力其实是你不肯放过父母，一个新生命的出生，再次激发你改造父母的欲望。你想借养育新生命的机会让父母认识到他们错了，妄想他们能够看在新生命的分儿上，改变对待你的态度，就好像你自己重新出生一样。

改造欲望比海洛因更让人成瘾，深陷其中的人为了改造父母，往往不惜牺牲自己的小家庭，牺牲自己的孩子。改造一个人，足以让一个人忙乎一辈子也不得安宁，仿佛被囚禁在监狱中，没有为自己活过，也没有享受过广袤的世界，因为实在没有多余的精力了。

拿我自己来说，我从改造大梦中彻底醒来，觉得以前太亏欠自己，迫不及待地想重活一遍，去体验各种事。半年时间，我从一座城市搬到另外一座城市，租了房子，把家打造得很温暖。我还带着程序员开发了"初心心理"平台，让更多的人能够听到我的课程。此外，我还健身、潜水、跳舞、滑雪……获得丰富的生活体验。其实以前我也喜欢这些，喜欢各种各样有美感的、好玩新奇的事情，尽管有能力和资源，但是精力都在改造大梦中消耗殆尽，连出门吃顿饭看场电影的心力都没有。只要对方看不见我、不回应我，我就像个死婴一样，瘫在那里动弹不得。这是我婴儿期的重现——虽然妈妈就在我旁边，但她没有能力看见我，我只能半死不活地躺在那里，等姑姑、邻居过来抱抱我，我才有那么一点生机。

婴儿期的剧情非常不容易醒，但也不是不能跳脱。我希望所有看到我文字的朋友能比我聪明些，比我少跳些坑，比我少囚禁自己几年，早一点释放自己，去体验这个充满各种可能性的丰富人生。

06

—

带着孤独，
活出丰盛

如果生命中有一个肯用心陪你一起体验世界的人，那当然好；
要是没有，也没关系，
可以现在就出发，直接去做自己想做的事情，
你会发现，一个人的世界也可以很精彩。

孤独，是我成长过程中最重要的一个突破。熟悉我的人都知道，我以前时常提到，在这么多年的成长过程中，我已经领悟了很多内在关系模式，并且走出来了。但是，童年时期母婴无法连接导致的孤独，像阴影一样长久笼罩着我，我的整个人生纵然清醒，但还是不够阳光饱满。2016年9月，我参加了一个母婴关系的课程，课上每天都要看很多母婴互动的录像。之前，我对自己在婴儿期的遭遇已经从意识上了解了不少，但是当真正看到这些录像时，还是感到强烈的冲击。婴儿躺在那里，什么也做不了，只能乞求被妈妈看见，被妈妈回应。当婴儿不被看见、不被回应，甚至被折磨的时候，那种痛苦淋漓尽致地呈现在录像中。那段时间，我每天晚上都要痛哭一场，释放内心的悲痛。

课程结束那天，我去看了电影《七月与安生》。在电影里，七月、安生和男主角，三个人都那么努力地去爱，努力想给对方爱，陪伴对方。然而结局呢？依然是每个人都孤独地飘零着，真让人绝望。电影散场时，我问了自己一个问题：李雪，你能在孤独中存活下去吗？这个问题一冒出来，我惊觉，它的逻辑有问题！其前提假设是，以前的我不孤独，现在才开始孤独。可事实上，从出生到现在我一直都很孤独，一直就这么活着。这个觉察像一道光，点亮了我——"我一直都很孤独"，这就是事实。我惊讶的是，原来自己一直都在跟"孤独"这个事实做抗争。

我耻于承认自己的孤独，"孤独的人简直不配活"。正如日本电影《被嫌弃的松子的一生》中，小说家八女川自杀前留下遗言："生而为人，我很抱歉。"一个人生下来不被看见、不被回应，就无法证明他的存在，他作为人活着简直是个错误，应该被改正的错误。我为了跟内心的自杀冲动，也就是跟死进行本能抗争，跟不存在感抗争，一直无意识地拒绝承认孤独的事实。我不断幻想，如果自己做得再好一些，就能赢得关系，于是陷入可悲的轮回：找一个像妈妈一样看不见自己的人，然后拼尽全力，飞蛾扑火般乞求对方看见自己，想象有一天自己得到对方的爱，就能从孤独的鬼影中脱胎换骨，成为一个真正的人。在这个过程中，我焦虑、痛苦、挣扎，像乞丐一样不断乞求，即使质量再差的关系也紧紧抓住，哪怕受屈辱、受虐待，也无法放手。因为一旦放手，一旦停止抗争，我就真的成了一个孤独的鬼影，一个不存在的人。

当我看到孤独的真相，看到这三十多年来自己跟孤独的抗争，瞬间放松了下来。那就这样孤独地活着吧！命运就是这么神奇，如同一份小而朴实的礼物也能给人带来极大震撼，几乎就在领悟孤独的瞬间，我体内的很多内耗一下子停止了，我感受到来自腹部的放松和力量，感受到没有任何理由的喜悦，大把的能量从身体里涌出。以前在关系中扮演乞丐角色的时候，我总是病快快的，精力严重不足，整天乞求着、幻想着有个人爱我、陪我。停止抗争之后，突然间我多出了好多能量。当时我在一个陌生的城市上课，课余吃海鲜火锅、打保龄球、练瑜伽、逛超市……像个正常人一样，把自己安排得妥妥帖帖。回到北京，我又联系同事，安排"初心心理"的程序开发，差不多两三天就做出一个开发文档，因为我的精力太旺盛了。

　　那么，我还孤独吗？是的，我还孤独。只是我不再沉浸于孤独的背景乐中，不再沉浸于乞丐的剧情里。我可以带着孤独，继续体验自己想要的人生。当然，在这个过程中，高质量的朋友关系让我越来越感到舒服，孤独的背景色也减淡了一些。

　　有一个网友对我说："我曾经以为离开了男人，自己无法一个人带着娃旅行。我还记得一个人带娃出发前那种空落落的感觉。我对自己说，我就想看看离开了男人我会不会死。当然，我没有死，而且还意想不到地好，甚至比之前拖着一个不情不愿的男人更加开心放松。我觉得自己开启了一个新的阶段。如果生命中有一个肯用心陪你一起体验世界的人，那当然好；要是没有，也没关系，可以现在就出发，直接去做自己想做的事情，你会发现，一个人的世界也可以很精彩。"

07

内向，
因为关系是对自己的损耗

关系是为自己积聚能量，
还是损耗能量，
这取决于我们的内在关系模式。

有人问："我性格内向，不擅交际，是天生的吗？能不能改变？"一个人性格外向还是内向，指的是这个人倾向于较多的人际交往还是较少的人际交往。很显然，如果我们在关系中经常感觉被滋养，交往越多，精神头越足，那肯定会成为外向的人。相反，如果关系对自己而言通常是种损耗，自然会倾向于回避交往，形成所谓的内向性格。

关系是为自己积聚能量，还是损耗能量，这取决于我们的内在关系模式。

我在《当我遇见一个人》中，讲到四种父母与孩子的互动模式：共振互动型、以母亲为中心型、无关反应型和情感逆转型。

第一种共振互动型，是一种双方都平等存在的关系，你我的感受、感情同时存在。你发出一个信号，分享一种感受，我能听得见，并做出回应；我发出一个信号，同样能够得到你的回应。双方就这样彼此轮换互动，都能体验到情感的同调共鸣，一种美妙的同时性——同时升起一个感受，共享一个感受。这是最理想的关系模型，在这种关系里，双方同时感受到被滋养。

第二种是以母亲为中心型，在这种关系里，母亲收不到孩子发出的信号，只有"母亲发出信号，孩子顺从母亲"这一种单向的模式。比如，孩子饿了，通过啼哭的方式发出信号，但妈妈不理解，反而感到极不耐烦；等到妈妈自己想哺乳了，就要求孩子好好吃，不饿也得吃。或者孩子哭了，想寻求安抚，但妈妈觉得被打扰了，不理睬孩子；等到妈妈想抱孩子，跟孩子玩儿的时候，则要求孩子必须跟妈妈玩儿。有的时候，孩子要跟妈妈分享一件开心的事，妈妈却毫无反应，甚至看到孩子高兴就心里不痛快；轮到妈妈自己不开心了，就要求孩子有眼力见儿。"你看到妈妈不开心，还不赶快过来安慰妈妈？""妈妈都这样了，你还自顾自开心，跑去跟小伙伴玩？"在这样单向的关系模式中，孩子为了求生存，不得不习惯性地忽略和打压自己的主体性，不去感知，更不去表达感受，而是敏感地捕捉母亲的喜怒哀乐，顺从母亲，以免遭殃。

这对孩子来说，是巨大的精神损耗。首先，压抑感受是一种精神上的自我阉割、自我损耗；其次，小心翼翼地揣测、迎合妈妈的感受，会造成孩子总是处于焦虑之中，担心自己做得不好，又惹妈妈生气。这种单向的关系模式，是形成内向性格的主要因素。只要和别人相处，就会无意识地牺牲自己的感受，以对方的感受为中心，总是焦虑自己做得不够好，让对方不满意、不开心——这是一种顽固的内在剧情。需要注意的是，这种内在剧情并不等于对方的真实需要，真实的对方可能并不需要别人围着自己的感受转。

单向的关系模式又分两种情况：一种是有能力感知对方的需要，并满足对方的需要，确实能够让对方感觉到被照顾、被满足，但是自己会很累，因为在交往过程中，自己的需要没有主动表达出来，当然也就难以被回应、被滋养。在这种情况下，你能满足对方的也很有限，因为你在单方面损耗自己，交往一段时间后，你就得自己待上一阵子，重新积蓄能量才能再一次进入关系。

另一种情况是没有能力看见对方的需要，只是沉浸在自己的剧情中不断地焦虑，以为自己特别照顾对方的感受，为对方付出很多，其实连对方真正需要什么都不知道。比如两个人一起出去吃饭逛街，一方不表达自己想吃什么，也不表达自己累不累，全部让对方决定。他可能打心里觉得这是在为对方着想、顺从对方，"我不喜欢吃西餐，但你喜欢，那我陪你吃""我逛街逛得很累了，但你意犹未尽，那我陪你继续逛"，结果心里不自觉地积攒了很多怨气，评判对方是个自私的人，只知道按照自己的兴致，完全不顾他人的感受。在这种情况下，其实双方都在损耗能量，是一种"双输"的关系——一方做了自我牺牲，希望得到对方的认可；而对方备感委屈，明明不需要别人这么做，却莫名其妙亏欠了别人。

怎样才能改变自我损耗的关系模式呢？这很不容易。首先，我们可以甄选一下自己的关系，减少与"只会发出信号，不会接收信号"的人交往，这样的人在关系中通常只索取不付出。把不必要的人际交往能量省下来，用在那些能够彼此看见的关系中。在彼此看见的关系中觉察自己的焦虑、感受，学习表达自己的需求，建立双向、轮换、交互的关系。比如，当你觉察到自己又想对对方的感受负责，想做点什么去改变对方的困境，或者解决对方的不开心时，就告诉自己：是我内在的妈妈需要我去背负她的感受，而当下真实的对方并没有这种需要。我只要做好自己，陪着对方就可以了，这是成年人之间的关系。我自己的需求也可以表达出来，并且也能够得到对方的回应，因为对方不是我内在的妈妈，不会对我的需求不管不顾。

当你把自我损耗的关系一个个划掉后，有可能悲哀地发现，自己基本没朋友了。这个时候，你也许会怀疑自己是不是做错了，是不是太极端，甚至觉得自己不是正常人，并为此感到羞耻。其实，这只是一个过程而已。过去太损耗自己，我们需要一段孤独的时间，只跟自己在一起。允许这个过程，就像在蛋壳中重新把自己孵化一遍，在出壳之前，别硬把自己拽出来。在重新养育自己的过程中，我们学习与自己的身体连接，与自己的感受连接，找回自己的主体性，那么总有一天，我们能够建立起高质量的关系。

4

CHAPTER

回到
内在中心

01

—

积
极
地
不
改
变
自
己

当我们做事时，背后的动力是无法忍受现状、无法忍受自己，
是要粉碎自己、重塑自己，
还是接受现状，聆听身体的声音，呵护内在的欲求，
顺应内心渴望去做对自己有益的事情？

有一回去做心理咨询，我在咨询师面前委屈地大哭，说自己活得太用力，几乎用尽了所有办法，拼尽全力来拯救自己。我从小身体不好，被悲催的童年折磨得体弱多病。长大后动用各种资源，认真地改善身体状况，也得到了很多人的有效帮助，但是因为底子太差，身体依然弱不禁风。这么小心翼翼地照顾自己的身体，可还是达不到健康的目标。我感觉非常累，很无望。

　　由此，我看到自己的一个模式：总是在追求除旧立新，改变黑暗错误的现状，去创造光明美好的未来。为什么呢？因为在童年，现状对我来说太可怕了。我的妈妈患有精神病，她每天都把死亡威胁投射给我。从现状中，我看不到一丝生机，所以需要想象一个有生机的新世界。我认为只有把现状粉碎了，这个新世界才能出现。然而，我自己也是现状的一部分，于是我每天都在粉碎自己。至于粉碎的方法，就是发现问题、改正问题。我会分析自己身上的各种问题，无论是身体还是心理。为此，我甚至自学成了心理学者、精神分析高手，分析出一个问题模式，我就想像剜除烂疮一样将它从我身上彻底挖除。因为我亲眼看到这些烂疮长在妈妈身上，它们日夜生长、扩散，直到把妈妈折磨至死。我绝对不能重蹈妈妈的覆辙，于是走向了妈妈的相反面：每天学习心理学，恨不得"一日三省吾身"。这种自虐模式，带给我很多收获和成长，我的各个方面开始变得不一样，能力逐渐加强，看问题越来越清晰，事业也发展起来。但是，这个过程中最致命的问题是，我不快乐。剜肉去疮这样的极端方法，在危急时刻或许是救命良方，但如果一个人每天都这么疗伤，怎么可能快乐呢？

听完我的哭诉之后，咨询师轻轻反问了一句："如果你接受现状，接纳自己呢？""接纳自己"这四个字，我从十年前迈进心理学大门时就一直在听，也一直在教别人，可是这一次好像第一次理解了它的真义。之前，我修行的是接受真相，不跟事实较劲，接受的是外部世界的真相、别人的真相，我也确实很大程度做到了。但是，我内在那股较劲的能量没有消失，它转变成了自我对抗，"既然别人不能改变，那就全力改变自己吧"。可是如果再深究一下，连自己也不改变，会发生什么？这个念头一冒出来，我马上感到恐惧，剧情慢慢浮现出来：那些停止自我改变的人都是行尸走肉，等于走向死亡。

于是，我开始思考：有没有一个中正的位置，这个位置上的人既能全然接纳自己，觉得没什么一定要改变，又能保持自我更新的状态，充满生机呢？我想起自己在拉萨的一次经历。到拉萨的第一天，我因为高原反应，浑身酸痛、呕吐。医生建议输液，说："如果今天不打吊瓶，后面还会更难受。"我知道输液后不舒服的感觉会很快过去，但身体直觉告诉我：我不想打吊瓶。于是我拒绝了，继续听从身体直觉的引导：我现在需要保暖和休息。用开水泡了一点红景天喝，穿上厚厚的羊绒衫睡了一觉之后，高原反应果然减轻很多。事后回想这件事，我觉得自己在处理问题时跟以前很不一样，这是一种积极的不改变自己的状态：我接纳自己"因高原反应身体难受"的事实，并没有拼命去改变这种状态，但也不是自暴自弃，而是聆听身体的需要，积极地做了有益的事情。至于结果如何，睡醒之后高原反应能不能缓解，就听天由命了。

　　这件事情如果发生在北京，我肯定会想各种办法来处理：请高人治疗，买昂贵的药，还会反思自己出行之前为什么没做好万全的准备。但是在拉萨，一来氧气稀薄是客观事实，二来身边没什么资源，容不得我瞎折腾，于是只能听从身体的引导，积极地入睡。

　　通过这件事，我再次看到自己的一贯模式：一旦我认为应该这样，但结果却不是，就会拼命改变。比如，我认为自己应该跟别人一样健康，就会去做一切对健康有益的事。这背后的动力，是我不能接纳自己的身体暂时不够健康。

　　我去看中医，说自己身体虚弱，吹风就会头疼。医生说："你这不是虚弱，是体质敏感。"我不信，以为医生在宽慰我。"世界上那么多人，怎么不见别人吹风就倒呢？肯定是我不健康。"说到这里时，我突然发现，我对自己的看法居然跟妈妈看待我是一样的！小时候，妈妈经常以这样的句式开头："别人都……为什么就你不……"夏天妈妈买竹凉席给我睡，我全身硌得疼，不肯睡，她就骂我："别人都能睡，为什么就你不能睡？"我哭着解释："就是很疼啊，手肘都磨破了。"妈妈没有能力看见真实的我，反而咒骂我，因为我跟她想象中不一样，跟别人不一样。没想到长大后，我同样在用这个模式残酷地对待自己。

我在一个小机场附近吃拉面，那家馆子看上去不太卫生，但是一方面别无选择，另一方面我想：别人都能吃，我也能吃。结果才吃了几口，我就开始鼻涕横流，嗓子十分难受，到了第二天，整个人跟得了重感冒一样，全身疼痛。我又想起了那个中医的话："你是体质敏感。"没错，我有一个敏感的身体，这是事实。而我却像妈妈一样，坚决不肯看见真实的自己，总是拼命改变自己，要求自己变得跟别人一样。其实，爱自己，就是接纳自己的真实现状。既然敏感，那就注意饮食清淡，避免吹风着凉。好好地对待自己，做自己的"好妈妈"，这不就行了吗？

绕了一大圈，最终又回到我说过无数遍的话：看见真实的自己，接纳真实的自己。只不过，我们从小到大都被残酷对待，早已习以为常，甚至感觉不到残酷。看见自己确实非常不容易，愿我们每个人都能被温柔以待，积极地不改变自己。

保持这个中正的位置，需要我们对事情背后的动力有细腻的觉察。当我们做事时，背后的动力是无法忍受现状、无法忍受自己，是要粉碎自己、重塑自己，还是接受现状，聆听身体的声音，呵护内在的欲求，顺应内心渴望去做对自己有益的事情？这两者的差别，就像妈妈带着孩子出门，有的妈妈自顾自走在前面，孩子努力追上妈妈的脚步，生怕被落下；有的妈妈则走在孩子旁边，关注着孩子，跟随孩子的步调前进，跟孩子一起探索世界。

让我们用觉知做自己的好妈妈吧！不要把真实的身体感受抛在后面，头脑自顾自地跑到前面。看看真实的自己在哪里，而不是"应该在哪里"。用心陪着自己，我们的内在自然会生发出蓬勃的本能，去发展自己。就像我们对待孩子一样，只是给予爱的陪伴，剩下的，就静待花开吧。

02

内耗的外驱力与创造性的内驱力

无法独处的人，注意力总是扑向外面。

可想而知，他不能仔细地感受自己、观察自己、反思自己，

匮乏自我成长的能力。

婴儿一出生就不断向外抓取，寻求外界对自己的满足。婴儿的宗旨是，整个世界与我一体，世界要无条件地围着我转，满足我的所有需求，这样我就会怡然自得。如果婴幼儿时期的全能自恋被充分满足，孩子就具备稳定的自我存在感。也就是说，"我"先存在了，然后才能安心地去做自己想做的事情。而婴幼儿时期全能自恋受到严重挫折的孩子，他的内在没有存在感，没有自我中心，内心就像一个黑洞，意识总是扑向外面。

　　我爸爸是一个典型的例子。他一出生，他母亲就抑郁了，拒绝喂奶，多亏姐姐抱着他挨家挨户地讨奶吃，他才侥幸活下来。长大后，他作为家里第一个男孩，比较受宠，但是婴儿时期的创伤，注定了他内心最深处存在一个黑洞。他没有自己的中心，总是要向外抓取，要么到外面去找好玩的事儿，要么显摆自己以赢得关注。他不能独处，不能静下心来长久地做一件事情。因为他的内心总是空荡荡的，若没有外界事物来分散他的注意力，他一碰触到自己的内在，就会莫名其妙地坐立不安，心慌、空虚。爸爸年轻那会儿，还没有手机，他就到外面四处找乐子。现在他老了，几乎把所有时间都消磨在手机上，被动地接收一大堆垃圾信息。

　　这就是我所说的，无法独处的人，注意力总是扑向外面。可想而知，他不能仔细地感受自己、观察自己、反思自己，匮乏自我成长的能力。这样的人，因为缺乏由内而外生发出的持久的内驱力，进而丧失了规划自己人生的能力。大家都说我爸爸很聪明，他确实很有创造力，但是他不能持久专注地把一件事情做好做大，所以最终也是一事无成。

　　如果你是这种情况，可以不断训练意识回归身体。我在自己身上就看到了这个轮回。很长时间以来，我不能读书，不能放空头脑，总是忍不住拿起手机，随便看点什么都行。因为如果我什么都不做，跟自己的身体在一起，我就会体会到内在无穷无尽的空洞和悲伤。所以，"还是逃掉吧"，把意识交给手机，逃离自己的内在。

很多人都有无法专注读一本书的经历，我觉得可能有两个原因：第一，这本书的能量场让你不舒服，你的身体抗拒它。这时只需要换一本书就好了。第二，读书其实是一个把意识拉回当下的过程，需要静心专注，如果内心有像黑洞一般强烈的不存在感，时时刻刻无意识地焦虑，读书的过程就会让人感到痛苦，因为意识总在试图跑掉。在这种情况下，可以尝试一边感受呼吸一边读，读得慢一点儿，不要勉强自己一下子读得又快又多。

婴幼儿时期，被父母及时满足，是一个人的主要诉求。到了儿童时期，主要诉求变成了自由探索，不被评判和打扰。但是这个阶段，很多家长会有意无意地把孩子的内驱力偷偷替换成外驱力。正常发展的孩子，天然会对各种事情充满好奇心。语文、数学、自然科学，其实都是孩子与生俱来想要探索的，但是有的家长会表扬孩子写作业，批评孩子玩游戏，教育他："你必须好好学习，考出好成绩，将来才有前途，否则人生就毁了。"这样一来，给孩子造成的印象是，学习是为了获得父母的认可，是出于生存危机的恐惧——天然的内驱力就这样被替换成了外驱力。

外驱力，也能驱动一个人，但它带来的感觉是较劲、痛苦和内耗。靠外驱力支撑的人，能量难以持久，早晚会遭遇反噬。我发现，很多在小学时被父母紧紧盯着考出好成绩的孩子，中学住校后成绩往往急转直下。而那些在中学时被父母紧盯的孩子，大学住校后很可能沉迷于网络游戏，荒废人生。这就是长期活在外驱力的压迫中，最终遭遇反噬的结果。中国学生参加国际奥林匹克数学竞赛很有竞争力，经常包揽金牌，但他们中只有很少人日后从事与数学相关的工作，不少奥赛神童后来都说："我再也不想学数学了，看见数学就恶心。"这些天才孩子一开始肯定天然对数学非常感兴趣，在充足的内驱力趋势下展现出数学才华，然而在家长和老师的强烈期盼下，他们的内驱力被替换成了外驱力——"你要证明自己有多厉害，不能辜负家长和老师的希望，要为国争光"。这种外驱力或许能驱使他们赢得奥赛金牌，但长期的内在压迫最终会导致他们失去对数学的天然兴趣，无法长期专注地投入，自然难以做出有价值的学术贡献。

外驱力并非全部是别人强加给自己的，它也会内化到自己的意识中，比如，"我要好好学习，避免被社会淘汰""我要出人头地，被大家关注"……这些想法看似来自自己，其实仍然是外驱力。它制造的是一种内在的冲突，自己跟自己较劲，导致内耗很大，自然难以持久，更难做到卓越。

在微博上看到一个例子，有人说朋友的孩子看了 20 分钟动画片之后，自觉把电视关了，问他为什么这么做，这孩子回答："因为妈妈同意我看 20 分钟的动画片。"所有人都夸孩子懂事、有自制力，称赞家长教育得非常好，但我却不这么认为。自制力，指的是"我想要规划自己的人生"。比如，一个孩子想要做汽车模型，他就会自己规划晚上的时间——"今晚我先看 20 分钟动画片，其余时间都投入到模型制作中"，这才是内驱力。"因为妈妈只允许我看 20 分钟，所以我就只看 20 分钟"，这不是内驱力，而是一个被严格管教到失去自己的可怜孩子。他的关注点在于怎么取得妈妈的认可，而不是用心智去感受自己想不想看动画片、想看什么动画片，以及想看多久。没有来自基于内在感受的自我规划，这个孩子被假自体控制着，真实自体是虚弱的。虚弱自体将来在需要自己设定目标以对抗拖延和散乱时，就会精疲力竭。

工作中，我们经常见到一类人，他们总是被动地等待被安排，做事的动力是"老板要求的，不得不做"，或者稍好一点，"做好了才能得到老板的认可，给我涨工资"。当动力不是想要发展自己、成就某件事时，他们没法拥有由内而外的热情和创造力，几乎不可能做到卓越。

内驱力是很直接的，"我的全身心都想去表达和创造，如果这股力量不使出去，我会很难受"。我的一个朋友就有很明显的内驱力，因为她太爱美的事物了，所以无法抑制地想要创造美，设计美好的珠宝首饰。如果不让她去做，她会感觉憋屈和痛苦。这才是真正的内驱力。

内驱力是不是只有少数成功人士或者天才才有呢？不是。其实每个人都有内驱力，它是生命力本身。但如果一个人遭遇了不正常的童年，他的内驱力就可能被毁掉。对父母来说，不是要去培养孩子的内驱力，而是不要破坏他们的内驱力。这需要父母尊重界限，不把自己的要求、期待、焦虑、恐惧加诸孩子身上。父母只要做到这一点，孩子就能听从内在的召唤，发展自己，保有内驱力和创造力。

03

—

躁狂与抑郁，
硬币两面

抑郁，是自恋受到打击后，自我攻击、自我否定，
继而导致情感隔离麻木，身心停留在低能量水平。
而躁狂，是对抑郁的抵抗，生命力想要伸展，
不甘心半死不活的样子，干脆一步迈入幻想中的完美状态。

躁狂与抑郁，就像一枚硬币的两面。

在躁狂状态下，人的情绪高涨，思维奔放，喜欢交往，有时候会容易过快地与人亲近，单方面觉得"我们彼此很亲近"。躁狂状态基本上都伴随着全能自恋感，感觉任何事情都会"如我所愿""各种关系都会向我敞开"。

躁狂的人可能很有感染力和煽动力，因为他发自内心地相信自己想象出来的完美世界，会把想象当作一定要发生，甚至正在发生的事实，而不顾及现实情况。这样的人，做决定时很冲动，比如冲动地投资，冲动地过度消费，夸大美好前景。然而，躁狂状态有时候又能够帮助人打开与事物连接的通道，使人才思奔涌，创造力十足，也就是我们常说的"有灵性"。

　　我曾经跟随一位老师学习完形疗法①，他处理个案的能力令我着迷，简直就像完成艺术作品，一气呵成，精准敏锐，直达核心，很有创造力。可是，随着上课时间变长，我逐渐发现老师有些地方不对劲，他会因为一些小事暴怒，比如笔没墨了、纸张没有按照他的要求准备……他甚至会为此气愤到暂停课程，专门开会跟工作人员讨论这些问题。那些长期跟随他的工作人员，一个个都蔫头耷脑，而我几年前见到他们时不是这个样子的。所以我推测，处在全能躁狂状态的老师，会要求身边的人都服从他的意志，配合他的自恋。而他本人又足够聪明，确实能够让人信服他，心甘情愿地服从他。在这个由学员和工作人员组成的小世界里，老师的自恋可以充分被满足，不受打击，所以他的才华也能顺畅发挥。然而问题是，他没法进入更宽广、更真实的世界。离开那个小圈子，没有人会因为信服而配合满足他的自恋需求，所

---

① 完形疗法：由德国精神病学专家弗雷德里克·皮尔斯创立的一种修身养性的自我治疗方法。

以，他只能选择活在小圈子里，他甚至拒绝亲自去银行取钱，很多需要到外部世界完成的工作，他都尽量拖延。

有些明星经常要带几个助理，这些助理就像妈妈照顾婴儿一样，随时关注他的需求，及时满足他。这就保证了明星本人不用沾染人间烟火，不用处理琐事、杂事，只要专心唱歌、演戏就好。如果明星要操心各种琐事，就会损伤他的自恋状态，导致他的才华受阻。

我自己也有过这样的状态。前几年，我每个月都会举办工作坊，反响非常棒，很多机构纷纷找我预定后面的工作坊排期，然而我却不愿意办了。我隐隐约约觉得哪儿不对劲，感觉自己在那个小圈子里好像在不断重复相同的角色。尽管这个角色对我来说确实得心应手，但我却有一种不真实感——我带给学员的疗愈是真实的，学员的成长是真实的，只是"导师"这个角色带来的全能感并不真实。于是，我停止了工作坊，开始尝试更多之前没有做过的事情，比如移动互联网技术开发、服装设计等。

　　做这些事情，都需要跟真实世界进行广泛接触，我无可避免地经常遭受挫折，因为事情复杂了，关系也复杂了，不再是我的头脑自恋能够掌控的范围。这些挫折经常让我陷入抑郁状态，但犯错之后我思考、总结，发现了一个相同的模式，那就是我在自恋中，会不顾事情的现实规律，没有按照逻辑一步步去做，而是被躁狂心态驱使，略过正常的程序，直接一步就跨入自己幻想中的完美状态。比如，我想做针织产品，这是以前从没接触过的领域。按照正常的逻辑，我应该先学习相关知识，请教专业人士，然后再跟工厂接触，一点点了解生产针织产品的过程。然而，我却略过了这些步骤，直接上网找了一家针织工厂，对方说了很多漂亮话，诸如他们的技术多么专业、产品质量多么好，我就立刻付了一大笔定金，结果收到的样品质量很差，对方一改之前的热情，找各种借口推卸责任。后来，我反复回想这个过程，当初为什么没有多点耐心，先验证对方的产品质量，再一步一步地做呢？因为躁狂状态让我幻想所有事情都会如我所愿，产品一定会符合我的预期，对方一定对我诚心实意。其实，这些都是我脑子里一厢情愿的幻想，以满足我的自恋幻觉：瞧，我李雪多么厉害，不管在什么领域都顺风顺水，所向披靡。自恋妄想，不需要尊重事物本身的规律，不需要经过现实的检验，一步就可以到达理想状态。

我早就知道有关躁狂与抑郁、自恋的理论知识，但是直到今天才得以在自己身上看到这一点。实际上，以前的我也时常躁狂发作，总处在自恋状态，但那时所做的事情主要是心理学方面的学习、写作等，基本上靠自己一个人的思考就可以完成。我在躁狂状态下思考和工作，经常能得到来自现实的正向反馈，所以自恋很少受到打击。这也使我难以区分，到底哪些是现实，哪些是进入躁狂状态的幻觉。但是，一旦接触广阔的真实世界，应对陌生领域的各种琐事，和各种各样的人打交道，我的才华优势就没有了，缺乏经验和时不时地躁狂妄想，让我在现实世界中很笨拙，屡受挫折，陷入抑郁。

抑郁，是自恋受到打击后，自我攻击、自我否定，继而导致情感隔离麻木，身心停留在低能量水平。而躁狂，是对抑郁的抵抗，生命力想要伸展，不甘心半死不活的样子，干脆一步迈入幻

想中的完美状态。所以，抑郁一阵之后，往往会开始躁狂；躁狂
一阵之后，又开始抑郁。总之，躁狂与抑郁都是婴儿的心理水
平，是偏执分裂的位置：要么偏执于完美，想象母亲给予自己完
美的呼应和满足未被满足的自恋；要么偏执于一切毁灭，没有希
望，自我完全塌陷。

04

—

难以觉察的深层自恋

美好的关系就像抛能量球，

两个人一次又一次地抛出自己的情感渴望，期待被对方默契地接住。

偶尔失手，球落地了也不要紧，捡起来继续抛就好。

有的人看上去理性谦虚，清晰地知道自己在某些方面的不足，"自恋"这个词似乎跟他搭不上边。但经过这些年的自我觉察，我发现有些隐藏在潜意识深处的自恋，一直悄悄地影响着很多人的人生。然而，因为意识与理性上的自我认知，让这些深层次的自恋难以被察觉。

深层次的自恋可以总结为：第一，你居然对我有不满，你这是要害死我，所以你去死；第二，这个世界如此不如我意，我还怎么活下去，我得去死；第三，我的想法你居然接收不到，那我们的关系去死。这三句话听上去很荒唐，然而这种荒唐却可能一直在悄悄支配着我们的人生。

第一层自恋——你居然对我有不满，你这是要害死我，所以你去死。很多人一直期待父母或爱人能够向自己道歉，承认他们过去伤害自己的事实。表面上看，这个期待简单、合理，只要对方肯承认这一事实，几乎就能被原谅，重新开始双方的关系，于人于己都好。可为什么对方就是死不承认呢？我跟他诉说他伤害我的事实，他反而更凶狠地反击我、羞辱我。这是因为他的深层自恋结构是，你对我不满，等于证明我是坏的；证明我是坏的，就是要害死我；既然想要害死我，那你这个恶人先去死。

这里的关键点是，我是坏的，等于我得去死。这是婴儿期偏执分裂的防御机制，婴儿会使用偏执分裂的手段来应对挫折感。妈妈被一分为二，坏妈妈在想象中被自己杀死，好妈妈才可以存活。当现实中的妈妈足够好，大部分时间及时回应婴儿，婴儿的人格就会变得宽广，能够同时容纳好与坏。即使在糟糕的情况下，他也可以期待美好的到来。

比如孩子饿了，迟迟没有乳头递来，但因为大多数时候他都被及时哺乳，所以孩子能够期待乳头的到来。相信糟糕的感受有结束的时候，就是面对冲突时，对冲突有最终和解的信心。因此，他有力量去创造由坏到好的转化。如果妈妈确实很糟糕，和解不会发生，偏执分裂的防御机制就被固化下来。人们会一直执着于我是好的，是对的，否则就得去死，所以也会投射性地认为：如果别人对我有不满，就是在杀戮我。

有读者向我倾诉："我跟妈妈说我很抑郁、痛苦，妈妈勃然大怒，咒骂我，说我要害她，说我想要她死。"还有读者留言："我妈妈常说的话是，她这辈子没有对不起任何人，都是别人对不起她，她没做过不在理的事。然而跟我妈妈在一起生活的人，都生不如死。"

这两个例子很经典，活在严重偏执分裂中的人，他们的自恋脆弱到不允许自己意识到自身有一丁点儿的不好。这两个例子所反映的情形通常发生在社会底层，而那些受过良好教育的人，不会这么直白地表达，尽管他们内在的自恋结构可能是一样的。

如果一个人在关系中特别在意自己是不是正确，对别人是否对自己不满特别敏感，经常对别人的不满感到愤怒，觉得对方蛮不讲理，那么可以觉察一下自己内心深处是否有这种自恋的动力——我错了就得去死。很多时候大家争执的初心，并不是想要证明谁对谁错，而是真实的感受需要被看见，发出的情感渴望被接住。

美好的关系就像抛能量球，两个人一次又一次地抛出自己的情感渴望，期待被对方默契地接住。偶尔失手，球落地了也不要紧，捡起来继续抛就好。通过一次次发出信号和接收信号，联结得以不断增强，双方都感受到关系的滋养，幸福就这样产生了。

第二层自恋——这个世界如此不如我意，我还怎么活下去，我得去死。这种自恋是我最近一年才在自己身上观察到的，我很惊讶，它居然藏得如此之深。

2016 年我刚搬到北京不久，把手机遗忘在出租车上，刚下车几分钟，我就发现了。出租车司机却坚决否认，不肯把手机还给我，哪怕我开了很高的酬金。其实这只是一件小事，但我却情绪崩溃，哭了很多次。这件事让我开始反思，为什么一个小小的不如意，就让我如此崩溃呢？

后来又发生了一件事，让我再次崩溃。我委托朋友办一件完全在他能力范围之内的事，他却以一种愚蠢而荒唐的方式搞砸了。这件事给我带来了一些麻烦和金钱上的损失，尽管不是什么灭顶之灾，我却又一次崩溃，甚至感觉自己不想活了。我开始深入觉察想死的念头是怎么发生的。有个声音对我说，无论我多么努力，世界都不可能如我所愿，总会有各种意外搞砸我的期待，这样的世界我根本不想待。

觉察到这个声音，我自己都觉得荒唐。世界不如我所愿，充满意外，这不是很正常吗？我——李雪，还总跟别人讲无常呢！这么小的无常发生在自己身上，怎么就崩溃到不想活了呢？继续观察和思考，我发现原来自己整个成长经历背后的动力一直都是——试图掌控我的世界如我所愿。所以从小到大，我会严格要求自己的逻辑和理性。

我学习物理学、经济学，目标都是要掌握世界运行的根本规律。我想象着只要逻辑足够强大，掌握事物的本质规律，我就能够做出符合现实的预期，努力促成事情发展成我想象中的样子。我这么做没有问题，但其背后的动力——如果我无法掌握自己的命运，我得去死，这个动力很有问题。

过去三十多年，我一直在学习如何掌握自己的命运。如果命运不如我所愿，我会觉得那是我还没有掌握更多的规律，还没有找出更好的解决方案。然而这么两件小事就把我击垮，我被迫面对的事实是，无论我多么努力和理性，都不可能掌握我的命运，总有一些意外发生，破坏我构建的完美逻辑世界。我看到自己的这层自恋，世界不如我所愿，我就不愿意活下去。

这层自恋跟那些"孩子不受我控制，不听我话，我就生不如死"的父母，本质上没有区别。那为什么之前我一直没有发现过这层自恋呢？大学之前我在跟父母纠缠，大学之后我又在亲密关系中纠缠，拼命地改造对方，也进行自我改造。我妄想只要把我自己和对方都改造好，世界就能如我所愿。

可是等这些纠缠落幕，如潮水退去，沙滩的真面目就裸露出来。原来我的自恋是这么疯狂和脆弱，这也就不难理解为什么很多人会一直纠缠在痛苦不堪的关系中，彼此折磨很多年，还是不肯松手。因为如果不在关系中纠缠，如果放弃改造欲望，直接面对这个不如我所愿的世界，自我会遭遇毁灭性的打击，那还不如继续回到纠缠的关系中，用幻想逃避现实。这层自恋被我觉察到后，我顿感轻松，也随之松绑了一些。

世界不如我意，我还是得活在这里。一件不如意的事情发生，我无法掌控，但面对不如意，是痛苦得要死，还是继续过好当下的人生，却可以选择。

第三层自恋——我的想法你居然接收不到，那我们的关系去死。这层自恋对我来说也藏得很深。从表面上看，我遇事特别愿意去沟通，如果沟通不畅，我会反复解释，努力想办法，不会轻易撤退。在这一点上，我觉得自己挺正常的。

然而最近一次心理咨询让我对自己有了新的觉察。我住的酒店客房 Wi-Fi 信号不好，到了预约的咨询时间，我开始给我的咨询师拨视频电话，拨了几次对方都没接。我想他可能是忘记了。当时我刚起床没多久，本来睡得挺好，但因为没有拨通电话，我居然开始感到头很沉，有些犯困。我想既然咨询师不在线，那再去睡一觉好了。

就在这个时候，咨询师发来邮件说她在线，我突然明白过来电话未拨通是网络不好导致的，马上换了个信号好的房间跟咨询师重新连线。这个过程中，我发现自己是多么容易从关系中撤退。电话没有接通，按照正常的逻辑会有很多可能，比如网络问题、硬件问题……咨询师忘记咨询时间，只是其中一种可能，而且我们还事先约定，联系不上时要马上发邮件知会对方。然而我略过各种可能，也没有尝试发邮件，直接准备进入昏睡状态，这意味着跟这个世界切断所有联系，从关系中彻底撤退，连对方再次联系我的机会都不给，让我们的关系走向终结。

通过这次觉察，我发现自己是多么容易对别人接收不到我的信号而感到暴怒。又因为暴怒没有被觉察，直接导致自己从关系中撤退，生活中很多本来挺好的关系就这样逐渐冷却并走向终点。

无论一个人意识上多么理性，多么通情达理、宽容大度，内心深处也有可能藏着巨婴的自恋。

有这样的自恋并不代表这个人就是不可理喻的病人。反而借由觉察，使我们能够深入看到这些自恋，不再受自恋模式的操控，不再让"死亡模式"本能地蔓延到关系中。当我们有一个契机去亲手培育出勃勃生机，有意外可以接受，有冲突可以和解，日子就能够越过越放松。

05

关系的真相，在感受中

每个人都有自己的剧情，

偶尔也会不可避免地掉进剧情，在关系中制造冲突。

值得你珍惜的朋友，一定真心希望你越来越好，

不会持续地把"你不行"的剧情投射到你身上，让你总感觉能量低沉、被卡住。

我的微博里时常有一些不友好的评论，比如"你设计的衣服那么丑，还是搞你的心理学去吧""你这个人戾气太重"，等等。算不上污言秽语，也没有明显的人身攻击，但我看到这些评论时第一感觉是不舒服，很想把发评论的人拉黑。这时候，我脑子里会升起一个声音："难道你希望评论都是对你的溢美之词？那你岂不是在纵容自己孤傲自大？老话说得好，'兼听则明，偏信则暗'，难道你忘了吗？"这个声音让我恐惧，恐惧自己成为一个封闭、固执的人。于是我好好观察：这个恐惧是如何被剧情制造出来的？真相又是什么？

我们大部分人都是在"催眠"中长大的。"你不能骄傲，要虚心接受批评""不虚心的不是好孩子，你这辈子就完了"……从小到大的所谓"教育"，其实是一场连续不断的恐吓。几乎没有人告诉过我们，你可以去体会自己真正的感受，做让自己舒服的事情，以至于我们总觉得舒服的背后藏着什么未知的灾难，不敢放松地享受当下。

看到这个制造恐惧的剧情，再来看看真相是什么。真相是，我看到那些评论后着实不舒服，只有拉黑那些人，微博才能令自己赏心悦目。我为什么要允许那些人屡屡给自己制造不适感呢？如果说广泛听取不同声音可以让人进步，那也是真诚交流带来的不同声音才有价值。而真诚交流的人，不会阴阳怪气地说话，就算他的观点跟我的截然不同，他带给我的第一感觉也是吸引我去阅读、思考，而不是触发我心理上的不适。

真相很简单，真相就在自己的感受中。

假如一个人打着"提供不同观点"的旗号，说些让别人不舒服的话，那么真相就是，他在向别人投射负能量，他潜意识里的目的是让别人不舒服，而不是交流。对于这种人，拉黑他，就是对自己的慈悲，就是爱自己的方式。只有清理掉这种人、这种信息，才能让更多有温情的人、有价值的信息呈现。

网络上如此，生活中也是如此。当我们把那些时常投射负能量，把内在分裂搞成外在冲突的人都清理出通讯录，才会有时间和心力去跟真正值得珍惜的朋友交流。

我对精神分析的理解是，直接看到真相的工具，撕破头脑剧情伪装的利器。从精神分析的视角看真相，一个人做一件事，实际上达成了什么效果，就是他潜意识里的真实目的。比如，一个人总对你说"我这么说也是为你好"，可你听完后会更加沮丧、更加怀疑自己，那么他的真实目的就是打击你，把他内心的自卑和恐惧投射给你。

当然，这并不是说所有引起你不快的言论都是错误的。很多人擅长把正确的道理跟投射的负能量掺杂在一起，让人难以反驳，你甚至会疑惑："他说得挺有道理，或许是真的为我好呢。"所以，清晰地觉察对方的话是否有道理，和他说话的方式带给人的直观感受，是两码事。很多时候，我们容易陷入一个陷阱：对方的话让我不舒服，我加以反驳，但他的观点从道理上又讲得通，反驳最后就变成一场无休止的辩论。这时候，我们需要清晰地感受让自己不舒服的到底是什么。比如，我们可以这样表达："你讲得确实有道理，但你说话的方式让我不舒服。我希望我们可以调整一下沟通方式。如果你坚持原有的方式，我们就不要继续对话了，这并不是对我有帮助的方式，只会让我更难受。"如果对方真诚待你，他听了你的反馈，会愿意觉察自己陷入何种剧情；如果他没有向内看的意愿，只是想向你投射他的内在冲突，这样的关系也就可以痛快结束了。

我曾经在上课时结识一位在服装行业很有经验的朋友。我请他为我介绍一些服装工厂的资源，他却评价起我的设计，并且说话的方式让人很不舒服。我并不觉得自己的设计有多完美，也很愿意倾听经验人士的反馈，比如有设计师建议我修改某件裙子的领口样式，虽然最后我没有完全遵循他的想法，但他的思路确实启发了我，让裙子看起来更有韵味。然而，这位朋友不请自来的评价却没有给我启发的感觉，在他说话的过程中，传递的能量是"我行，你不行；我比你专业，我比你高明"。让我抗拒和厌恶的是这股能量，而不是他说的内容本身。一感受到他投射来的能量，我就知道，他并不是真诚来跟我交流的。事实上，当我询问一些具体可以改进的细节时，他敷衍含混的回答也证明了这一点。于是，我就把这个人从通讯录里删除了。这不意味着他不好，或许他在自己的圈子里还是个很好的人，只不过在我和他的关系中，因为缺少了平等和真诚，所以没必要继续。

我的另一个朋友，为人热情、乐于主动关心人，他说的话不只有道理，还很动听，几乎句句都是高情商表达的典范。他给大部分人的第一感觉都很温暖，但是我跟他交往多了，发现他话中偶尔会蹦出几个词，让我有点儿不舒服。不过，这也许是他要幽默、打趣的一种方式，听上去也无伤大雅。后来，我仔细总结了一下他让我不舒服的地方，找到一个共同点，那就是他在以很隐蔽的方式跟我说："李雪，你不行。"当我对事业有些想法和野心的时候，那些真心希望我好的朋友如果感觉不妥，会直接讲出他们认为更加可行的方法，但这个朋友却总在暗示我："这件事情，你做不了。"他会表现出很关心我的事业，很想给我出主意的样子，而当我跟他聊些具体步骤的时候，他则会以假装幽默的方式打岔糊弄过去。事实上，他对我所做的事情并不关心。

　　每个人都有自己的剧情，偶尔也会不可避免地掉进剧情，在关系中制造冲突。值得你珍惜的朋友，一定真心希望你越来越好，不会持续地把"你不行"的剧情投射到你身上，让你总感觉能量低沉、被卡住。在那样的关系中，对方潜意识里的目的可能并非为你好，而是希望你承接他内在的负能量投射，让你扮演他内心戏中的一个角色而已。

06

———

缔造幸福的脑神经回路

如果有一个剧情让你屡屡中招，

自己明明不想，却总是滑入固有模式，

那意味着你内心深处有种渴望未被满足。

好朋友跟我诉苦，说她分明对自己的一个剧情已经有很清晰完整的觉察，可还是反复掉进这个剧情模式里出不来。她的剧情是这样的：无法忍受家里有一丁点儿不整洁，但是只要一做家务，就开始烦躁。尤其是看到丈夫在旁边什么忙也不帮，她就会立即进入狂躁模式，给丈夫很难看的脸色，甚至辱骂丈夫。

　　这个剧情从哪里来？她自己分析得很清楚：她妈妈是个清洁狂人，对整洁度要求很高，经常一边做家务，一边咒骂女儿、抱怨丈夫。所以，女儿也得每天一起床就做家务，动作稍微慢一点就会挨打。这是她童年的噩梦。她发誓不要重演妈妈的剧情，为此一直请全职保姆来料理所有家务。但偶尔保姆不在，她不得不自己收拾的时候，就很容易爆发。其实，她的丈夫很能干，愿意和妻子一起做家务，但就是跟不上妻子的节奏。比如丈夫边烧水边发短信，妻子看到就会责骂："这么多家务等着你做，你还有时间玩手机！"这也是重现了她妈妈的模式——小时候，无论女儿多努力干活，妈妈还是会挑出家里不整洁的地方，歇斯底里地辱骂女儿，甚至殴打她。女儿一直活在这样的恐惧之中，当她有了自己的家，每当看到家里有一点儿不整洁，童年的剧情就开始重演。在剧情里，她既扮演那个恐惧的小女孩，也扮演歇斯底里的妈妈。

我已经多次听她分析这个剧情，每一次都比上一次更清晰、更完整。但是问题仍然存在，她还是无法自控地照着剧情演下去，虽然意识上知道就算家里不整洁也不需要争分夺秒地收拾，明白自己的愤怒不是丈夫造成的。

于是我跟她探讨：从分析清楚剧情，到走出剧情，获得新的生命体验，这个过程中有哪个地方卡住了？一个从来没有被好好对待过的生命，不知道好好对待自己和他人是什么滋味。也就是说，一个从小被虐待的孩子，他的脑神经回路中，植入细胞的记忆是施虐与受虐。这些神经细胞，从未以温柔的方式被连接过。但是，每个人的灵魂深处又有深刻的渴望——一种自己也说不清是什么的渴望，以安抚内在的恐惧。就像刚出生的婴儿，他感到饥饿，但并不知道自己渴望的是乳房，因为还没有碰触过乳房。他只能通过令人烦躁的哭声，来宣告自己的不满足。妈妈若是听懂了婴儿的不满足，把乳房送到他的嘴边，他才会恍然大悟：对啊，我渴望的就是这个。

朋友的核心问题在于：她灵魂深处充满对爱的渴求，渴望被安抚的心理黑洞呼唤着，却不知道呼唤的到底是什么。于是，她一次又一次习惯性滑进固有剧情，在剧情里折磨她的丈夫，愤怒丈夫为什么不能安抚她。遗憾的是，她的丈夫也不知道该如何安抚，因为他的童年也没有被好好对待过。大部分人的婚姻悲剧都在于此：两个内心都带着巨大黑洞的人走到了一起，像婴儿一样哭闹，期盼对方来安抚、满足自己，结果却总惹对方厌烦。他们都不知道什么才是被好好对待，所以彼此折磨、纠缠、怨恨。

解决这个问题的关键，是亲手去创造满足的体验，缔造幸福的脑神经回路。剧情是一个人的，而关系是两个人的，真实的关系是打破孤立头脑剧情，创造新生命体验的最佳途径。夫妻之间，如果愿意帮助彼此成长，一起为幸福生活努力，就可以联手在关系中创造满足。当然，前提是双方都渴望关系变亲密，这一点至关重要。

我反复说过，不要向"爱无能"的人索爱，不要跟并不想走进亲密关系的人纠缠。双方都有成长的意愿，才可能彼此滋养。

我给朋友开出的药方是，既然你们夫妻俩总是滑入固有剧情，那就一起创造一种截然不同的家务体验吧！之前是怨气冲冲各做各的，妻子想象丈夫不帮助自己，感觉很孤独；丈夫觉得做了很多却不被妻子看到，感觉很委屈。现在，无论妻子做什么，丈夫都在旁边跟着，陪伴并帮助。比如一起擦桌子，或者妻子一边擦桌子，丈夫一边给妻子按摩。总之，目的不是尽快做完家务，而是创造一种温馨、有趣的关系体验。在创造这种新体验的过程中，幸福的脑神经回路也在逐渐缔结。两个人一起摸索，一起感受，创造出能够满足彼此的体验，这就是新生的力量，是对头脑剧情的摧枯拉朽。

最后，如果有一个剧情让你屡屡中招，自己明明不想，却总是滑入固有模式，那意味着你内心深处有种渴望未被满足。一开始你也不知道该如何满足自己，这个时候，我们需要极富耐心地去倾听内心的渴望，用理性和智慧去创造满足，缔造新的脑神经回路。

5

CHAPTER

当下就要
幸福

01

关系中的
自我功能阉割

女人的自我成长并不是为了取悦男人，
也不是为了保全婚姻而委曲求全，
而是为了让自己成为一个更加完整和自由的人。

微博上有网友说，她的儿子打奶奶，原因是儿子爬沙发的时候，奶奶叮嘱他要小心。儿子说："奶奶总让我小心，一开始我还真以为周围有什么危险呢，结果根本没有。所以奶奶再这么说，我就很愤怒。"

　　这位奶奶做的事情，就是在阉割孩子的自我功能。保护自己不受伤害，是人的本能，只有当一个人没有注意到暗藏或突如其来的危险时，才需要别人的提醒和帮助。案例中的儿子已经确认环境安全，奶奶还要一再叮嘱，行为背后的含义是，你根本没有保护自身安全的意识，你不具备这个能力，所以需要我来提醒你，替你完成这个自我功能。这样的催眠，就是在侵犯孩子的界限，阉割孩子的自我功能，孩子当然会愤怒。而且，孩子能够表达愤怒，说明他的人格很有力量，能够抵御这种侵犯。现实生活中，有些孩子已经在大人的不断侵犯和催眠下，彻底丧失了自我功能。这样的孩子如果到一个陌生环境中，会忽视周围的安全，害怕探索新鲜事物，总觉得到处潜伏着各式各样的危险——这样的孩子已经被"阉割"了。

只要父母侵犯孩子的界限，对孩子自己的事情指手画脚，就会造成对孩子自我功能的阉割。比如，父母控制孩子的饮食，规定孩子什么时候吃、吃什么、吃多少，孩子很容易饮食失调，患胃病、厌食或者暴饮暴食。因为什么时候吃、吃什么、吃多少，是一个人最基本的自我功能，如果连这个功能都被阉割，必然会造成一系列身体和心理的问题。

再比如，父母总盯着孩子写作业，督促他学习，长此以往孩子自主学习的能力就会被阉割。将来无论他学什么，哪怕工作中遇到一点儿新事物，也很难快速适应和掌握，因为他不会自主高效地学习。

一些父母要求孩子见人要懂礼貌，要打招呼，这就阻碍了孩子以自己的节奏去感受对方、建立关系。大家可以观察生活中，总被教育要礼貌待人的孩子，往往对人缺乏自发的热情，没有眼神交流，"你好""谢谢""再见"说得既机械又僵硬。

某些家庭养育孩子的过程，其实就是不断阉割孩子自我功能的过程。所以我经常说，培养一个天才孩子特别简单，父母只要不自以为是地教育，守住界限，然后"坐享成果"就可以了。

在亲密关系中，自我功能的阉割很常见，而且通常会成为一种合谋的陷阱。中国的婚姻中常见这种配对：男人老实巴交，不擅长跟外界打交道，表现在不会谈利益、回避人情世故、缺乏自我管理（比如乱扔衣服鞋袜，经常找不到东西），等等；女人则变身超级奶妈，替男人争取利益，替他处理人情世故，跟在他屁股后面收拾东西。女人像战斗机一样，主动帮男人解决各种问题，以为自己付出这么多，男人肯定会懂得感恩。但结果往往是男人习惯了被照顾，连偶尔自己擦个鞋都不乐意。更可气的是，女人好不容易帮男人争取到利益，男人不但不配合，还经常莫名其妙地把事情搞砸了，却反过头来指责女人："都是你控制欲太强，什么事都要插手，什么事都要按你的想法来，你怎么这么霸道？你怎么眼里只有钱？"有的男人甚至会去寻找婚外情，理由是情人更懂得欣赏自己，尊重自己。对此，女人不能理解：分明是男人自己不愿意处理各种问题，我累死累活地替他处理了，为什么还被指责和抱怨？

这就是一个合谋的陷阱：男人的很多自我功能从小就被阉割，所以到了婚姻中，他会习惯性地将自我功能割除，双手奉上，交给女人掌管；而女人会觉得自己被信任、被依赖，好有价值啊！然而，一旦女人接过男人的自我功能，这段关系就注定完了。因为女人再一次扮演起男人妈妈的角色，又成了阉割他的刽子手。所以，男人在关系中无法"雄起"，无法把女人当作伴侣去爱，而是当作妈妈去依赖，同时去憎恨。

如果已经陷入这样的关系，怎么办？一个好方法是，鼓励和支持男人找回他的自我功能。比如，当男人遇到问题想要回避，等着女人去替他解决的时候，女人不要马上冲上去，争做阉割他的妈妈，而是陪在他身边，相信他能够处理，欣赏他的思考，哪怕他的想法暂时还很幼稚。至少，能思考就是进步，不断看到并且鼓励他每一个小小的进步。要是男人坚决回避，就是不去做，也要尊重他，对他说："我相信你对这件事情有自己的考量，暂时不去做也是有道理的，我尊重你的选择。"虽然实际利益可能会遭受损失，但这就是成长需要付出的成本。当女人能够守住界限，只在男人需要的时候给予意见，不需要时闭嘴，并且能够发现和欣赏男人一点一滴的进步，把男人主动奉上的自我功能还给他，就等于把尊严还给了他，把雄性力量还给了他。

如果女人希望男人更有主见，不要批评他各种事情不能做主，而是鼓励他表达意愿和主张，回应他的欲求。如果希望男人更懂得捍卫自己的利益，不要埋怨他："你怎么这么软弱，不懂得争取？"更不要替他做，可以对他说："你在利益上不斤斤计较，很大度，我欣赏你，也愿意向你学习。"当女人能够欣赏男人时，他自然会思考："我总是这么大度，是真的发自内心吗？还是因为害怕争取利益？"当男人不被指责时，他才有空间自我反省，这是成长的契机。

同样地，如果女人渴望被爱护，也不要指责男人："你这个人一点眼力见儿都没有，我为你做了那么多，你帮我做一件小事都不愿意。"这是拿道德资本做筹码，会导致两个人的关系越来越糟糕。可以试着去发现男人表达关心的方式，比如特别简单的一句："你吃了没，要不要喝口水？"然后感谢他的关心，撒撒娇，请求他爱护。

在这个过程中，是不是女人用了"发现—感谢—撒娇"的方式，男人就一定会变得更加有男人味，从此懂得疼爱女人呢？也不一定。个别男人被阉割得太厉害，没有自我成长的意愿，无论女人做得多恰当，对他也没有什么影响。在这种情况下，已经觉醒的女人通常会选择结束关系。

归根结底，女人的自我成长并不是为了取悦男人，也不是为了保全婚姻而委曲求全，而是为了让自己成为一个更加完整和自由的人。在生活中找回自己内在的中心，不被牵扯掉入各种陷阱，去享受、创造自己真正想要的人生体验。

02

百分之百的
自我负责

百分之百的自我负责指——
我不再要求任何人为我的痛苦做出改变，
我直接去为自己的幸福做事情。

每个人都想自我负责，可是在精神上做到这一点非常不容易。为什么这么难？在这里，我想分享微博上一个网友的留言：

　　我今天又困在低潮的情绪中，真怀疑自己还能不能变好了。深入这种自我放弃、颓废的意象里，我看到内在的我像个婴儿一样，一直在等待，等待天使来救我。原来，要学会自我负责是一件这么难的事。在顽固的自我放弃、消极颓废的情绪下，我是一个被遗弃的孤独的孩子。这个自我觉察极为精准地解释了我为什么无法对自己负责，因为我虽然身体上成年了，但内在还住着一个湿漉漉的可怜婴儿。我的潜意识极其顽固地抓住这个自我意象不放，哪怕我外在的社会功能已经相当不错。

　　在心理成长这条路上，我已经走了近十年。这十年间，不记得有多少次，我瘫在床上，像个死去的婴儿一样，一动不动。我似乎不饿，也没有任何需求，心如死灰。这个时候，死亡对我来说也无所谓。死婴的状态是重度抑郁的状态，是为了防御内在孤独可怜甚至快死去的状态。

男人通常会投入到事业、网络游戏中去，把工作或网游当作自我，紧抓不放。女人通常会在一个痛苦的关系中死死纠缠，明明对方给不了自己爱，却死缠烂打地非要对方看见自己、回应自己，而且理由很充分："我为你做了那么多，你就不能给我一丁点儿爱吗？你就不能真诚地回应我一次吗？你到底爱不爱我？你到底想不想跟我结婚？"其实，所有真相就摆在那里，没有任何遮掩，也毫不复杂。如果男人想跟女人结婚，他早就行动了。同样，如果男人能回应女人，他一开始就回应了。否则，女人再苦苦逼问，男人也没有能力和意愿去回应，他甚至会感觉烦透了，巴不得女人赶紧闭嘴，赶快消失，哪里还会有爱在流淌？

真相并不复杂，难的是我们不肯睁眼去看。为什么我们会抗拒真相呢？正如文章开头所说，承认真相可能会使我们陷入死婴一样的重度抑郁中。与其那样，我们宁可幻想一个人，幻想他是拯救自己的天使，幻想他会张开翅膀拥抱自己。可是，若是他不张开翅膀呢？那就跟他死磕，逼他做自己的天使。这就是为什么我们常常会看到一些奇怪的关系模式：有的女人自身条件很好，却情愿在关系中把自己作践得毫无尊严，好像离开男人就活不了。我有一个好朋友，她在离婚时跟我说："我太痛苦了，快要活不下去了。我这辈子肯定会孤独终老，一个人可怜地死去。"旁人这么一听，可能会想象她是个被抛弃的女人，生存能力很差。但事实上，她事业有成，收入比前夫高很多，而且很有魅力，刚刚离婚，就有数个男人追求。即使像她这样做过心理咨询，自我成长了很多年的女人，还是逃不过抑郁如死婴一样的剧情。当然，如果没有多年自我成长的基础，她很可能连离婚的决定也做不出来。

大家都知道，婴儿百分之百无法自我负责，吃喝拉撒都依赖别人。自我负责有多难？等同于走出婴儿的自我意象有多难。要走出婴儿，甚至是死婴的自我意象，我们不得不先深入进去，允许内在的婴儿出来。伴随着它的出来，会带给我们最难熬的痛苦，深不见底的不存在感和极度的恐惧、悲愤、无助……这些感觉，让人一秒钟也不想体验，一旦触碰就迅速逃跑。然而，对于想彻底走出婴儿剧情的人，可以让自己定下来，慢慢地，一边允许痛苦呈现，一边告诉自己：这是我婴儿期的感受，不是现在成年的我。作为一个成年人，我可以陪伴自己内在的婴儿度过这些痛苦。这些痛苦的感受是无常的，总会过去，而我内在的婴儿会逐步强壮、长大。我可以靠自己的力量站起来，不需要等着别人来拯救我。与此同时，对真心帮助我的人，我也欢迎。我越对自己负责，愿意帮助我的人也会越多。

这样的觉察听上去很简单，其实过程极为不易。当进入死婴的重度抑郁中，我们很难同时感觉到自己是个成年人，因为能量太低，低到只能勉强维持呼吸而已。但是没关系，即使这么低的能量，我们也可以保持这个觉察：我是成年人，这种死婴的感受是我童年的剧情，它会过去的。

什么是百分之百的自我负责？百分之百的自我负责指的是我不再要求任何人为我的痛苦做出改变，我直接去为自己的幸福做事情。比如，妻子想出去旅行，要是丈夫不愿意去，妻子不再花费口舌劝说："你怎么这么宅？怎么一点儿情趣都没有？"有指责他的功夫，不如直接为自己安排一次舒服的旅行。当然，妻子内在的婴儿会很恐惧，它会想象一个人旅行非常孤独，非常可怜，会遇到各种危险和解决不了的事情。那么，就提前为旅行做足准备，把自己安排得妥妥帖帖、舒舒服服。然后，可以这样跟自己对话：一个人旅行的悲惨意象，是我内在婴儿的想象，不是现实。我可以带着这个觉知，继续享受自己一个人的旅行。

再比如，一个人想换份新工作，渴望得到家人的支持和理解。如果家人能认可，当然再好不过，如若不然，也不必费劲地解释和纠缠，乞求支持和理解。直接选择自己喜欢的工作就好，也许会遇到各种麻烦，不过没关系，遇到什么问题就解决什么问题。我们不能保证自己做出的选择百分之百正确，但至少能不为之后悔。无论选择的结果是什么，我们愿意去体验，并对自己负责。

有的伴侣会有一些让人痛苦的行为模式，比如冷漠、不回应、不着家，或者是"妈宝男""妈宝女"，事事都听妈妈的，不站在小家庭这一边。有这样的伴侣，肯定难受，即使自我觉察再多、自我成长再好，也不可能在这样的关系中感到舒服。但是，如果一方期望通过对方的改变来解决关系中的困境，恐怕永远也等不到那一天，等来的只会是无休止的战争，自取其辱。例如，丈夫就是那个冷漠样子，要是丈夫不回应，妻子就痛苦倒地，那妻子岂不成了任人摆布的机器：只要对方不按下回应的按钮，我就开启自我折磨模式。

那么，妻子能为自己的幸福做些什么呢？第一件事，跟自己的痛苦感受待在一起，告诉自己：痛苦是我自己的事，是我童年的剧情导致的，跟任何人无关。我可以陪着这份痛苦，它会过去的。第二件事，想一想：我能为自己做点什么开心的事呢？想到就去做，让自己的生活变得有滋有味、丰富多彩。

等我们完全能够自我负责，不再期待别人改变，那么很多情况下，别人反而会自动改变。微博上一位网友提供了这样一个例子，她说："当我期待老公改变，自己就能过得好一点的时候，只要有这个念头，他就坚决不改变。但是，当我能跟自己的痛苦待在一起，为自己的痛苦负责时，不仅我成长了，老公也随着我的成长而变化，他也在成长。所以，我明白了，如果我不能对自己负责，我也阻碍了老公的成长。"从这个意义上来说，这是一个妻子的自我负责，带动老公一起成长的美好结果。当然，也有可能无论妻子怎么成长，老公都没有变化，这种情况下，分开也是很好的选择。即便分开，对于一个学会自我负责的女人来说，她的下一段关系肯定会更好。

03

—

意识与潜意识的撕扯

多接触真实世界，
逐渐从头脑中那个封闭的世界走出来，
就会慢慢疗愈。

拖延症可以说是一个世界性难题，有各种各样的书，试图通过行为管理的方法来改善拖延症。我想尝试从精神分析的角度，剖析拖延症形成的心理成因。

　　第一个可能性的成因——"这不是我选择的"，也就是说，没有主体性。拖延症在那些小时候被父母过度控制的孩子身上更加常见，因为父母经常替孩子做选择，否认孩子自发的选择。举个最简单的例子，比如吃饭，这是生物最基本的本能，但是有些自作聪明的家长却觉得自己比孩子更清楚"孩子吃没吃饱"，于是追着孩子喂饭，或者逼着孩子必须吃什么菜、吃多少。这样的孩子，往往吃饭特别慢，磨蹭半天才肯坐到餐桌旁，一边吃还一边分神，一顿饭下来至少要一个小时。在孩子的潜意识里，吃得慢，是因为让我吃饭是你的意志，如果我总是乖乖听你的，那我的自由意志岂不就被你消灭了？所以，为了保护我的自由意志，不能正面反抗我就消极抵抗，用拖延来反抗你的入侵。

存在主义哲学认为：我选择，我体验，所以，我才存在。如果一个人活着，但各种事情都是别人替他选择，他就成了行尸走肉，等于不存在。我们哪能指望这样的人会积极主动地创造和规划自己的工作呢？

有人可能会问：我小时候被父母控制，所以做事拖延，这个道理容易理解。但是现在我长大成人了，父母早就不管我了，可我在工作、生活中还是磨磨蹭蹭的，哪怕是自己的选择，也总是如此，这该怎么办呢？

这个问题涉及"内在父母"和"内在小孩"。童年时期父母与我们的关系，已经内化到我们的潜意识中，成为我们内在的关系模式，也就是我经常讲的"剧情"。哪怕父母已经过世，内在父母依然会影响我们。内在剧情中，我们一旦生发出某些动力和想法，内在父母就会偷偷替换掉我们的自由意志，把它变成父母的意志和评价标准。比如，本来是我们自己被工作吸引，觉得很有趣，很想去做，结果兴趣刚刚升起的时候，内在父母的声音就出现了："对嘛，你就应该努力工作，而且要认真做，持续做，这样才有前途。"接着，内在小孩又登场了："我想得到父母的认可，但却不想被父母控制，我不要听父母的！"就这样，内心不断上演"一脚踩刹车，一脚踩油门"的戏码，对一个人的内耗十分严重，往往让人动弹不得。比如一个女人没有工作，想学些技能。她很喜欢烘焙，可是一旦升起学习烘焙的动力，内心就有一个声音说：你既然想学习烘焙，就要认真学，努力做到优秀，最好能把烘焙发展成事业。这让她觉得压力很大，于是学烘焙的计划一直被拖延下去。

内在剧情也很容易投射到跟同事，尤其是跟领导的关系中去。比如，我们容易把领导投射成内在父母，既想要讨好他，得到他的认可，又害怕被他评价，不想被他操控。如此一来，工作反而成了次要的，工作变成了获得认可，或者抵抗控制的道具。我们的能量没有直接投入到工作当中，而只有当我们把头脑中的剧情放空，才能真正去感受工作本身，主动高效地完成工作。

有个学员分享说："我以前整天都在担心领导不重视自己，没有给自己安排重要的工作，或者揣测领导觉得这件事应该怎么办才对，而自己对于工作往往理不出头绪，不知道该怎么下手，结果导致拖延。后来，我觉察到这些剧情，试着把注意力从跟领导、同事的关系上，转移到工作本身。我不再想别人怎么看待我，而是专心研究，果然发现业务环节有些问题。我很想讲出来，可又怕被人说我爱出风头，更担心自己错了。然而最后，我还是鼓起勇气，在公司的例会上讲了出来，我的提案得到了大家的重视。那一整天，我感觉自己神清气爽，第一次体会到工作也可以这么舒畅。"

觉察到自己的剧情，放空头脑中的剧情，自然就会知道怎么做事，拖延的问题也就随之解决。造成拖延还有一种情况：潜意识里不想做这件事，但意识上又觉得应该做，不允许自己意识到背后的抗拒。举个例子，妻子发动自己的人脉，好不容易为丈夫争取到一个调动工作的机会，但丈夫在准备的过程中屡屡拖延，错失良机，把妻子气得够呛。丈夫自己也不明白为什么会这样，新的工作机会确实好，收入提高，离家更近，方便照顾妻子和孩子。后来经过仔细觉察，丈夫发现自己潜意识里并不想离家太近，因为妻子的控制欲常常使他感到窒息，所以还是两地分居，周末和家人团聚一次就好。

拖延症的第二个可能性的成因——脆弱的程序化假自我。这是比较严重的人格障碍，但在日常生活中并不少见。一个人真自我的形成，源于童年时期父母对孩子的看见和回应。这种温暖的关系内化到孩子心中，形成了孩子的真自我，而不是父母的信念、价值观、行为准则等，内化成孩子的真自我。真自我是由活生生的关系形成的，而活生生的关系是有弹性的。比如，孩子看书学习时，父母看他的眼神中充满爱意；孩子打游戏、发脾气时，父母或许有情绪，但眼神中还是充满爱意的。这种连续的爱意是有弹性的，所以有真自我的人会比较灵活，能够根据当前情况调整自己的应对方式。

那么，僵化的假自我是怎么形成的呢？比如，只有孩子专心学习时，父母才满意。如果孩子打游戏、发脾气，父母则会冷漠以待，甚至攻击孩子。这样的孩子，假自我就很僵化，会跟具体的事情捆绑在一起。他们会处于一种无意识的恐惧之中，紧紧地抓住某些信念、行为方式，作为自我的框架，这就是假自我。

比如，"要听上级的话，勤奋上进，不能逾越规矩"这个信念，已经僵化成有些人自我的一部分。这样的人，如果让他放下没完成的工作放松一下，他可能会深感不安，心里仿佛缺了什么，好像自我要被打破了一样。他甚至会评价别人：你怎么这样不负责任？怎么能有这样的想法？

还有一种更惨的情况是，父母自身就有严重的人格障碍，甚至精神分裂症。无论孩子怎么对父母发出情感的呼唤，哪怕他努力学习、不惹麻烦，做一个很懂事的孩子，仍然得不到温暖的回应。他无法发展出一个以人为本的弹性的真自我，反而可能出现各种严重的人格问题，其中一种就是用头脑来构筑自己的世界，形成一个僵硬的程序化假自我，以保护自己。

最常见的就是阿斯伯格综合征[①]，呈现出社交方面的障碍和情感回避。这种人的自我不是由弹性的情感关系内化而成，而是由僵化的机械程序安排组成。一天的生活之中，有哪些事情，以什么方式来完成，基本已经规定好。他跟外部世界的接触非常有限，就如同这个程序对外的接口只有那么几个。虽然大多数人每天的生活也是有安排的，但是过程中总会有变动，会遇到各种意外情况。一个弹性的真自我，可以根据实际情况进行灵活调整，因为预设的程序并不等于自我，打破就打破了。而僵化的假自我，由于已经把预设程序当成自我的一部分，所以打破程序就像打破自我一样艰难。正因为如此，僵化的假自我没法应对太多事情，哪怕是去银行办张卡这样的小事，他也需要休息很久才能恢复过来，因为实在太消耗能量了。

这么说来，假自我僵化的人似乎能力特别差。其实也不一定，事物都有两面性，这样的人可能在某方面具有卓越的才华，

[①] 阿斯伯格综合征：属于孤独症谱系障碍（ASD）或广泛性发育障碍，常见的临床表现有人际交往困难、语言交流困难、行为模式刻板仪式化、兴趣爱好局限特殊等。

对外界没什么兴趣，却能够投入钻研某个领域，成为该领域的顶尖人才。所以，如果让假自我僵化的人完成一些本来就在他自我程序框架内的事情，他可以高效地、保质保量地完成。但对于程序外的事情，哪怕是跟别人打个电话沟通一件小事，他也可能无限期地拖延。

再举个假自我僵化的例子。夫妻俩一起外出吃饭，想去的餐厅离家较远，结果路上遇到大堵车。妻子见附近也有一家看起来不错的餐厅，于是提议改去这家。但是丈夫无法接受，坚持去原来那家。是因为原来那家好吃吗？不是。丈夫坚持要去原来那家的原因仅仅是，我们已经说定了。一般人可能觉得，吃顿饭而已，去哪家吃都行。但是对于假自我僵化的丈夫来说，决定一旦被认可，它就成了程序化自我的一部分，就像嵌入血肉中一般，即使堵车也要去完成，哪能说不去就不去了呢？

有的人会觉得这个例子很可笑，事实上，类似的例子不胜枚举。比如有些人，一辈子只去自己设定好的几家餐厅和活动场所，谁要打破他的预设，就像要了他的命。诸如工作变动这种大事也是一样，即使有一个更好的工作机会摆在眼前，假自我僵化的人也会千方百计拖延。这种拖延，并非如前所述的潜意识里不想要这个机会，就算这个机会是自己真正想要的，他也需要很长的时间来调试。就是说，他需要很长的时间来安排新旧工作的交替——把旧的自我程序慢慢修改成新的自我程序。这个时间可能是几个月，甚至几年。通常情况下，机会就这么错失了。所以，对于人格障碍级别的程序化假自我，最好的做法是不要给他安排程序以外的工作。如果不得不由他亲自去完成程序以外的工作，就要做好被无限期拖延的准备。

要是很不幸，你恰恰就是这种有程序化假自我的人，该怎么破除自身的拖延症呢？可以先接受自己目前的状态，不要急着自我改造，因为过大的变动会导致巨大的焦虑。这个时候，可以跟自己说：事情是事情，我是我，我可以慢慢分开这两者。事情的变动不会导致我的崩塌，我可以直接去感受事情本身。比如不得不去银行办卡，在这个过程中，我就多跟身体在一起，觉察自己的呼吸，感受这件事到底有多可怕。就这样逐步跟事情本身建立真实的接触，让真实的接触体验融化僵硬的程序世界。

多接触真实世界，逐渐从头脑中那个封闭的世界走出来，就会慢慢疗愈。这么说听上去容易，但真正走出来很不容易。哪怕有一丁点儿的进步，也要认可自己、鼓励自己，而不要苛求"怎么进步这么慢啊"。

如果身边的亲人是程序化假自我的人，比如丈夫或妻子，该怎么办？答案是，你没有办法改变别人，只有当一个人自己真正想要疗愈的时候，别人才可能帮到他。

04

|

不完美
也有滋有味

有的人之所以拖延着不敢开始做事，
不敢碰触真实的世界，
是因为害怕自己完美自恋的想象被打破。

关于拖延症，除了没有主体性和程序化假自我这两个原因之外，还有第三种可能的心理成因，那就是脆弱的全能自恋——如果自己不去做一件事情，就可以想象自己是完美的，就会存有幻想"要是我去做的话，一定能够完美地完成"。比如事业不得志的人常常安慰自己：我当初要是下海创业的话，现在的成就肯定比××还大。其实，无论是谁下海创业，无论结果是成是败，过程都不会一帆风顺，总有各种各样的麻烦琐事需要一一应对。只有真正去做，才会发现自己能力欠缺，现实的挫折会打碎人们完美自恋的想象。有的人之所以拖延着不敢开始做事，不敢碰触真实的世界，是因为害怕自己完美自恋的想象被打破。

我自己也有这样的体验，因为我也是个高度自恋的人，觉得只要努力去做，就能势如破竹地实现愿望。但是，我移居到北京，第一件事情就被打击了：我要买车，但是连上车牌的资格都没有，而这件事情并不是我努力就能改变的。此外，我还遇到了各种各样的小麻烦，比如一些事情所托非人，让我损失了时间和金钱等。遭受一连串的挫折之后，我变得非常沮丧，甚至产生了无法活下去的念头。好在我已经习惯于一边升起情绪感受，一边观察、分析这些情绪感受，不让自己整个人被情绪吞没。客观地说，我遭受的这些挫折并不严重，作为一个普通人，只要活着，几乎每天都会遇到类似的烦心事。问题是为什么我在这些小挫折面前，会产生严重的退缩心理，严重到恨不得想要退缩到子宫里，恨不得自己没有出生、没有活着？

我开始自由联想，联想到大一放暑假在家时，我去火车站买返回学校的车票，但是没有买到。刚出火车站，正要过马路，妈妈就打电话来了。我告诉妈妈今天没有买到车票，我改天再来买。妈妈立刻发作了，在电话里不断地诅咒："你居然连火车票都买不到，你怎么不去死啊！"在妈妈不停重复的话语中，我被催眠了，真想一头扎进车流里。幸好我的理性尚存，在快要冲进车流的时候又醒了过来。

　　类似的片段还有很多。比如出门遇到下雨，妈妈也会责骂我："就是你非要出门，看看，下雨了吧。"在妈妈的潜意识里，我似乎"无所不能"，连打雷、下雨、火车站卖不卖票这样的事都能左右。但事实上，我只是一个普通的孩子啊！妈妈自己活在严重的无助感中，于是她无意识地期望我是全能的，期望我能拯救她的无助。经常处在自恋性暴怒中的妈妈，把我弄得也很无助，三天两头冒出轻生的念头。

　　当然，我的父母也不总是认为我一无是处，他们也欣赏过我，通常是在我表现出全能的时候。比如，他们并不欣赏那些因为刻苦学习而取得好成绩的孩子，让他们引以为傲的是：看看，我的孩子不怎么学习，也能考第一。他们说这些话的时候十分得意，仿佛我考第一是因为继承了他们的天才基因。然而，我依靠自己的努力克服学习中的困难，那些真实的过程，他们没有看到，也不欣赏。妈妈甚至会因此诅咒我，因为这么一来，我破坏了她的全能感。所以，我也经常活在全能自恋中，希望自己一发愿，整个世界就能如我所愿。这样的结果是，我人生体验的范围变得越来越窄，因为我把自己隔离在真实而琐碎的生活之外，所做的事情都是一发愿就能做好，比如写文章、设计服装、插花等。而那些需要跟社会打交道的烦琐事情都被我跳过了，免得它们给我制造挫折感，打破我的全能自恋。

我的一个好友，他驾照过期很久也没去重新参加考试，有一次终于被我成功劝说了，可是理论考试前居然不看书复习，因为他觉得：只要我去考试了，就一定能通过，根本不需要看书。这个例子很经典，为了避免破坏自己的全能感，才一直拖延，不去面对真实的考试。

还有更极端的例子。一个中学生考试前，分明是连及格都要靠运气的水平，自己却信心满满，觉得不复习也能考高分，结果分数一出来被严重打击，从此得了"考试恐惧症"，再也不敢走进考场。

我是如何面对自己脆弱的全能自恋呢？我学会用一句话安慰自己：苟且地活着吧，就算有一大堆的麻烦解决不了，我也配活着，不完美的人生也不是一点滋味都没有，只要肯放过自己，承认自己的局限，不完美的人生也能过得有滋有味。

05

|

逻辑思维
链接事物本质

逻辑思维能力就是直接回归事物本质的能力，
这样的思维方式几乎适用于所有事情。

心智发育基于自由的体验，从自由体验中生发出的心智能力，形成逻辑思维能力。

前段时间，我看到一则惨烈的新闻报道：三名初中生结伴过马路，手拉着手在路中央突然起跑闯红灯，结果全部被车撞飞。大家都知道，过马路不能闯红灯，即使是绿灯，过马路之前也得先观察周围的环境，确认安全后再通过，绝对不能突然狂奔。为什么三个初中生连基本的安全常识都没有呢？

如果我们观察小孩子就会发现，他们在面对新鲜事物时都是小心翼翼的，一点点地靠近，边观察边感受，慢慢触碰。动物也是这样。我曾经养过一只鹦鹉，取名"酋长"。有一次吃火锅时，酋长大步朝着沸腾的火锅走去，保姆立刻大喝一声阻止了它。我叫保姆不要管，静静观察它的表现。酋长越接近火锅，步伐越慢，最后它在火锅旁边待了几秒钟，估计感到太热，掉头走掉。通过这件事，它学到了遇见冒气的东西，不能离得太近。

假设我们出手干涉，每次酋长一靠近火锅，我们都严厉喝止，那么它可能对火锅更加好奇，满脑子想着"逮到机会一定要马上冲过去"，甚至"一脑袋扎进去"，它天然的谨慎探索能力就被我们破坏了，以后很可能对危险没有觉知，把自己置于危险境地而不自知。

同样，我经常在大街上看到这样的场景：家长呵斥孩子，"看车，别跑，回来，不要乱走！"在这样的呵斥下，孩子的能量突然被卡住，他的感受力、心智思维能力也都被卡住了。他心里憋着劲儿，所以在家长没有盯着的时候，可能突然爆发，酿成惨剧。而不被家长呵斥惊吓的孩子，天然地懂得谨慎探索新环境。

比如父母带孩子出门，出发前可以先告诉孩子：我们要去哪里，会经过车水马龙的马路，途中再领着孩子认识车流，学习交通规则。在这个过程中，父母可以问一些启发性的问题，而不是直接告诉孩子冷冰冰的规则。"为什么要设置交通信号灯呢？""这条交通规则可以避免哪些危险？""遵守交通规则有什么好处？"从问题中，孩子就能学习直达事物本质，培养从本质开始思考的能力。孩子自己就会想：我要穿过马路到另一边，别人从另一边过来也要穿过马路，我们的方向相反，可能会撞上，这对我们都不利。所以需要制定规则，规定什么时候我先走，什么时候他先走，这样大家都能安全地到达各自的目的地。孩子从事物的本质——设置交通信号灯的意义——开始思考，就会自觉自愿地遵守交通规则。相反，被父母用命令和恐吓的方式灌输一个结果，这样的灌输走脑不走心，不是孩子自己通过身心体验学习来的，一旦脱离了父母的掌控，他很可能冲动地去破坏规则。

逻辑思维能力就是直接回归事物本质的能力，这样的思维方式几乎适用于所有事情。比如某人找我谈合作，我们要不要合作？怎么合作？按照逻辑思维方式，需要考虑的问题就是：合作的本质是什么？本质是合作要比单干更利于我们达成各自的目标。那么，首先弄清各自的目标是什么，合作能给双方带来什么好处，同时还可能带来哪些坏处。接着，好处如何达成，坏处如何规避？为了利益安全，我们需要制定哪些契约，等等。这些思考听上去很简单，但实际上很多人在谈合作时都缺乏这种基本的逻辑思维过程。有的人不断强调自己有什么能力、有什么资源，而不认真倾听对方的需求，寻找对方的需求点。这种人往往是自恋型的人，他在关系中只能看到自己，看不到别人。还有的人习惯于迎合对方的需求，讨好对方，而忽视了自己的利益诉求，常常是花费了大量精力和时间合作，最后却没赚到钱。

不仅是个人，类似的例子在公司身上也经常发生。一些公司特别擅长找准客户需求，为客户服务，却一直忽略自己的盈利模式，最后资金链断裂，公司倒闭。所以，我预测一个人或者一家公司能否创业成功，其中一个重要的指标，就是其逻辑思维能力，能否在看到自己利益的同时，看到对方的需求，保持平衡的关系。大多数的失败，都源自某种心理上的失衡，然后又呈现出对应的逻辑思维能力的欠缺。

　　我是一个心理问题比较严重的人，因此做事情的时候，会用逻辑思维能力来规避自己的人格问题。也就是说，尽量不把内心的剧情带到工作中去，这是一个很重要的保障。比如，我内心有强烈的控制的剧情、讨好的剧情，如果这些剧情被毫无觉知地带到工作中，就可能把事情变得格外复杂，最终导致失败。所以，每当遇到这种情况，我会先放空自己，正如老子所说的"复归于婴儿"，一切从零开始，按照逻辑去思考整个线索，以避免对发展趋势的错判。

　　有的时候，我的某一部分人格问题实在太严重，严重到影响我的逻辑思维能力，而我一时半会儿也没办法治愈自己，我就会把这部分工作交给别人去做，这也是一种风险规避。还有的时候，有些人身上显出的某种特质会让我感到很焦躁，没有耐心，我的头脑可能会变得不清醒，那么我就避免直接跟这些人接触，让别人代替我。如果在思考某件事情时，我的情绪反应特别多，不够有逻辑和觉知，我也会请别人来帮我厘清思路，避免自己陷入妄想剧情。

　　举个例子，现在有很多学员通过网上的听课系统来与我互动，这套系统是我自己研发的。三年前我就开始思考这件事，我把想法告诉了几个实力很强的同行，但他们都表示不会自己去开发，因为烧钱又费力。于是，我把自己归零，从零开始思考：我作为一个心灵导师、一个自媒体人，我需要什么？这些需求通过哪些途径可以实现？最优的途径是什么？再换位到一家公司、一个技术平台的角度思考：我开发这套系统能获得什么好处？就是这样非常简单、干净的逻辑思维方式，最终形成了这套复杂的技术系统。由于整个系统的逻辑非常简洁，基本没有浪费开发步骤，所以也节省了不少资金。

熟悉移动互联网行业的人都知道，这一行有很多公司死掉了，原因很可能是开发方向不明确，试错成本太高，导致时间和资金的巨大浪费，最后资金链断裂。而我的这套系统，每个步骤都逻辑清晰，再加上现金流充裕，所以开发效率特别高。我从该系统的底层逻辑架构开始参与，之后每个新项目的开发都能对接原来的逻辑架构。就这样，我从心灵导师变成了产品经理，再变成公司的运营者，身份转化得很顺利，虽然不能说做得多成功，但至少是清晰流畅的。这就像我最初从物理学转入心理学一样，对我来说没有障碍，没有那种"隔行如隔山"的感觉，我想这就是直抵事物本质的逻辑思维能力带来的。

再举个例子，我特别喜欢买衣服，总想着有一天能穿上自己设计的衣服。身边的人听说我这个想法，纷纷打击我："你学过服装设计吗？你懂服装行业吗？你连缝纫机都不会用吧？"他们说得没错，我是一个物理系毕业的心理学导师，连颗扣子都没缝过，那我就不能设计衣服了吗？同样地，我从零开始思考：一件衣服的本质是什么？是线和面料，是用线把面料缝起来，有时候甚至连线都可以省了，一块布披在身上也可以成为衣服。根据这个本质，我该如何设计一件衣服呢？首先我需要一块面料，然后把面料缝起来。不会缝怎么办？去找会缝的人啊！让他按照我的意思来缝，得到的不就是一件我设计的衣服吗？有一段时间，我一边讲心理学的课，一边参与课程系统开发，得空还设计了十几件衣服。由于之前我经常疯狂购物，对衣服特别有感觉，又找到了一个跟我沟通顺畅的设计师，沟通试验几次后，他就把我的想法都实现了。这期间，辛苦是肯定的，比如我最初设计"家居女神"系列的想法是，在家里也能穿得像女神一样美，而且特别舒服，舒服到穿上就不想脱下来，衣服的面料最好有"微微透"的质感，但不能太透，要保证出门也能穿。为了找到一种能够精准表达这种设计感的面料，我从国内外买了几十种面料来试验，最终找到一种最满意的面料，设计出来的衣服上身非常舒服，微微透，穿到外面也可以，加个腰带就变成一件小礼服。在这个过程中，我学到很多面料知识。另外，为了搞清楚最优秀的设计师是如何设计衣服的，我还买了上百万元的一线品牌服装，把它们拆开来研究，学习到了很多设计衣服的思路和技巧。最终，像我这样一个没有学过一天设计，也没有任何服装行业经验的人，创立了自己的服装品牌。并且，我敢很自信地说，自己设计的衣服从面料到设计，都非常有格调，不输一线大牌。

当然，如果能去设计学院学习也很棒。我举这个例子，不是想说专业学习不必要，而是想告诉大家：当我们想要体验的时候，不要被限制性的信念所制约。比如，懂服装设计才能设计衣服，学过技术开发才能成立技术公司等。没有什么是必需的，一切都可以从零开始进行逻辑思考，大胆假设，谨慎求证。这样的人生会拥有更多的可能性，并且有更大概率获得成功。

06

别让童年的标签定义你一生

标签之下，无人自由。
试着走出标签定义的人生轨迹，
全然地活出任何面相，
体验任何体验，都没有错。

朋友的孩子刚上小学一年级，善良活泼，是个人见人爱的小家伙。有一天，孩子跟我说："李雪阿姨，我考试考得不好，爸爸妈妈都不会怪我，可是我却很生自己的气，看到别的同学分数比我高，我好想哭呀！"

　　我很熟悉这个孩子的父母，他们特别有爱，从不拿分数评价孩子。可是孩子为什么会这样自我评价、自我攻击呢？于是，我跟孩子聊天，了解她在学校里的情况。原来，孩子的班主任经常会在全班同学面前说："你们每个人都要努力给班级争光，谁的平均分低于 97 分，谁就是在拖班级的后腿。"如果有同学犯错，班主任不会单独找这个同学谈话，而是当着全班同学的面批评："×× 的这种行为是班集体所不能容忍的，是在给我们大家抹黑！"

我明白了，这个班主任是在玩弄团体的权术，通过团体力量给某些同学"贴标签"，利用孩子天然对被团体排斥的恐惧来操控他们。比如朋友的孩子，因为考试分数不高，害怕被贴上"拖集体后腿"的标签，这种恐惧转化成自我攻击，她才会气自己无法像其他同学一样考高分。事实上，她平时跟同学们相处得很好，同学们并不会因为分数而排斥她，但是因为班主任玩弄团体权术，使她总是恐惧自己被排斥。

慢慢地，这种恐惧会逐渐笼罩到每个孩子头上，孩子们逐渐学会用分数衡量别人，开始给自己和同学贴标签：这是优等生，这是中等生，这是差生。在这个过程中，团体成员的角色逐渐被固定下来，比如"差生就是脑子笨，不上进""好学生就是勤奋学习的楷模，受老师重视"。这些团体标签的催眠，会深入团体成员的潜意识。肯定会有孩子因为一两次没考好，被贴上"差生"标签，进而相信自己天生就不是学习的料，结果学习越来越差。而那些以考试为荣的好学生呢？他们会觉得自己被爱是因为成绩好，而不是因为我作为一个人的存在本身，我如果不优秀就不配活。在这样的标签下，每个人的角色都被固定，每个人都被物化了。

通过贴标签来固化成员的角色，几乎是在每个团体中都必然会发生的事情。而我们最初所在的团体，是家庭。没错，每个家庭成员都可能被贴上标签，固定角色。

我有一个亲戚生了一对双胞胎姐妹。他们夫妻之间发生了严重的冲突，在这期间，双胞胎中的妹妹行为开始反常，不写作业，还经常尖叫。有一天，妹妹又在大喊大叫，姐姐跑过去对妈妈说："妈妈，我今天一回家就先写完了作业，我比妹妹懂事吧！"妈妈听了很欣慰，说："乖，姐姐最懂事，姐姐最知道给妈妈省心。"

我们想一下，夫妻之间发生冲突，按理说，每个孩子都会感到不安，但为什么只有妹妹表现出情绪反常？这是由于团体中的角色分配，可以这么理解：妹妹在替所有家庭成员表达痛苦和不安，而姐姐在替所有人表达自我安慰和期望——"我们没事，我们会好的，一切都会照常好起来的"。如果妈妈肯定了姐姐的角色，那么这个角色就会成为姐姐的人格面具，从此她学会主动压抑自己的情绪，总是要表现得积极向上。而妹妹，可能被固化为那个情绪化的、不懂事的坏孩子角色。

所以，我建议这个亲戚可以这样回应姐姐："妈妈爱你，也爱妹妹，你们俩都很棒。妹妹情绪反常，或许是因为她担心我跟爸爸的关系。那么，你也有这种担心吗？如果有，你可以跟妈妈讲。"通过这样的回应，妈妈就把孩子身上的标签摘掉了，让每个孩子都感觉到，无论自己呈现什么状态，都是被允许的。这样，孩子就可以做自己，自由地表现出各种面相，既可以是镇定的、懂事的，也可以表达自己的恐惧和不安。

这对双胞胎的妈妈也是典型的被家庭团体角色固化的人。在她的原生家庭中，爸爸、妈妈、哥哥都特别老实，是那种"宁可自己吃亏，也要避免一切冲突"的人。只有她作为最小的女儿，从小就爱打抱不平，受不得半点委屈。小时候经常有其他家长上门告状："今天你女儿又打了我孩子。"连她父母都觉得：这个女儿怎么一点儿都不像我们家的人呢？于是，她在家庭中越来越被边缘化。

事实上，这个小女儿承接了全家人的攻击性。全家人都处在攻击性严重压抑的角色中，这些攻击性跑哪儿去了？都跑到小女儿身上了。她其实也不能自由地做自己，遇到冲突时总是忍不住向前冲，总是要爆发，没法根据实际情况做出理性选择。

又因为她扮演了家庭中表达攻击性的角色，全家人都排斥她，给她贴上"不懂事"的标签。久而久之，连她自己都深信：我是惹人讨厌的，我走到哪儿都不受欢迎。于是在生活里、工作中，她不断创造出被周围人排斥的现实。

家庭中还时常有这种情况：哥哥文静，爱学习，被父母认为是"有出息"的那一个，长大之后工作积极努力，从不乱花钱。而弟弟呢？从小就调皮捣蛋，成绩不好，长大后也不愿意稳定工作，特别会花钱图享受。这样的分化，其实是父母内心分裂人格的投射。父母做了一辈子循规蹈矩的好人，他们其实也渴望放肆地活着，但又不敢，所以不自觉间把压抑克制的面相和恣意妄为的面相分别投射到两个孩子身上，并且不断强化这样的标签，比如逢人就说："你看看，老大老老实实的，不像老二，一天到晚不着家。"

哥哥长大以后，父母还会继续催眠："像你这样有稳定的工作多好，千万不要学你弟弟。"这样的标签，会让哥哥的人生变得不自由。比如，哥哥遇到一个让自己怦然心动的创业机会，他可能会因为从小被贴上"稳妥懂事"的标签而不敢放弃稳定的工作。

弟弟一直扮演全家人的对立面，其实是想要唤醒大家：人生有很多可能，我们可以享受物质，可以自由自在。即便如此，弟弟的人生也不自由，当生活需要他稳定下来的时候，比如遇到心爱的女人，想要成家立业、结婚生子，也许他的潜意识里是愿意的，但就会莫名其妙地感到不安，觉得自己不能进入稳定的生活轨道。

标签之下，无人自由。我们需要时常留意，自己和孩子有没有被贴标签？这些标签会形成自我认知的催眠，让我们的人生只能沿着固定轨迹轮回，而错失更丰盛的人生体验。试着走出标签定义的人生轨迹，全然地活出任何面相，体验任何体验，都没有错。

07

——

平庸的恶与团体正确

成长，是一个自然而然被爱照见的结果，
而不是拼命追求所谓更好的、更正确的自己。

当我们进入一个团体时，会不自觉地担心自己被排斥。希望自己能成为被团体认可的一员，这可以说是人类的原始本能。在原始社会，单独个体几乎无法生存，只有团队的力量才能保证人身安全，完成集体狩猎活动。不同的部落之间，还会毫无理由地厮杀，"只要你不是我们部落的人，见面就要杀死你"。

　　被团队排斥，就等于死亡，这是原始社会的状况。现代社会早已不是这样，但是我们潜意识里依然保留着无意识的恐惧。大家都想得到团队认可，那么怎样才能被认可呢？团队会形成一套标准，谁更符合这套标准，谁就会得到更多的认可；谁得到更多的认可，谁就会拥有更大的权利空间。这套标准，我给它起了个名字，叫作"团体正确"。

　　我曾经参加过一个完形治疗工作坊，这个工作坊持续三年，是一个长程培训。老师的洞察力很强，在学习过程中，老师会训练我们以严格界限的方式说话。比如，看到一个人拉长了脸，通常人们会说："你怎么不高兴了？跟谁生气了？跟我说说呗！"而严格界限的表达方式则是："我看到你嘴角向下，猜测你可能在生气。如果你愿意跟我说，那么我很愿意听。"这种说话方式区分了事实和想象，事实是对方的嘴角向下，所以猜测他在生气；而且严格遵守界限，只有对方愿意，才会跟他谈论，而不是侵入他的界限，一定要跟他谈论。

这样的训练确实可以提高我们的觉知力，帮助我们区分事实和想象，区分自己的内心世界和外部世界，是一种很好用的工具。老师提出这套方法，要求大家练习，并且纠正学员错误的表达方式。结果，严格按照完形疗法的要求来说话，逐渐成为这个团体的"团体正确"——谁更符合老师的要求，谁就更正确，拥有更多话语权，赢得更多老师和学员的称赞。相反，不能好好掌握这套说话技巧的学员，就会不断被纠正，甚至当发言有纰漏的时候，大家还会发出"嘘——"的喝倒彩声。下课时，那些熟练掌握规则的同学聚在一起，彼此认可，"你说得很标准啊""你最近进步真快"，互相吹捧一番，然后不约而同地嘲笑"差生"。大家整体上表现出对"差生"的不耐烦。我观察这个工作坊的人，有第一年刚参加的，也有已经进展到第三年的，还有完成三年培训后再来复训做助教的。这些人特别容易区别，因为有一个规律：学习完形疗法时间越长的人，越不会正常说话，他们以说出严格符合标准的话为荣，并展现出浓浓的优越感。

这样的整体氛围让我本能地感觉不舒服。无论我们学什么，师从什么流派，从事什么职业，我们首先是人啊！一个活生生的人，如果认真学习的结果是连正常的话都不会说了，那还有什么意义？当某人说话不符合规则时，大家就集体排斥他，这到底是一个人对另一个人产生的排斥，还是一个被团队标签化的物对另一个不符合标签的物产生的排斥？换句话说，这个时候，我们还有没有本真的人性存在？按照本真的人性，面对一个还没有掌握规则的新手，我们通常的反应是想帮助他，而不是一副官腔的做派，对着当众发言的新手喝倒彩。

所以，我要探讨的是，本来都是普普通通的人，为什么学了三年之后反而变得不会正常说话，失去了本真的人性反应？这里我要提到一位著名的思想家汉娜·阿伦特，她提出了"平庸的恶"。平庸的恶，指的是在意识形态国家机器下，没有思想、没有责任的犯罪，是一种对自己思想的消除，对下达命令的无条件服从，对个人判断权利放弃的恶。这个观点提出的背景是，汉娜参加了对纳粹军官艾希曼的审判，在审判过程中，汉娜惊讶地发现，这个把犹太人成批运到集中营去送死的纳粹军官，并非大奸大恶之人，他本人甚至连作恶的动机都没有，他所做的事情仅仅是服从指挥，完成工作，他的私人动力最多只是把工作做好，这样可以升官加薪。但是，艾希曼忠诚履行职责的结果却是极端罪恶的，他明知把犹太人送进集中营就是让他们去送死。汉娜开始思考：这个恶到底是怎么产生的？她认为，像艾希曼这样的人，没有自己的思想，没有思考的能力，只是服从当时纳粹德国的集体意识形态，也就是当时纳粹德国的"团体正确"。

一群没有思想的人聚集在一起，像零部件一样安插在各自的位置上，各自运转，结局却造成了人类历史上最大的罪恶。不仅是纳粹军官，当时德国很多普通老百姓也是这样，看到犹太人就尖叫、举报。这是因为意识形态的洗脑让德国人相信：犹太人是非我，不属于我们团体的就是敌人，不消灭敌人他们就会伤害我们。消灭犹太人已经成了当时德国人的"团体正确"。

这个意识形态其实漏洞百出，稍微思考一下就会知道：你的邻居是一个犹太人，平日里大家相安无事，甚至关系和谐，他怎么会突然变成恶魔威胁你的生存呢？大家都想生存，为什么要互相残杀，而不是和平共处，甚至合作共赢呢？只要思考，基本的理性和人性就会让我们反抗当时的意识形态，就算不是明刀明枪地反抗，至少不会协助作恶。所以，汉娜认为，放弃独立思考就是恶。

纳粹的例子或许离我们太远，但是这种团队里平庸的恶却在日常生活中经常发生。比如前面提到的完形治疗工作坊的例子，它的"团体正确"就是要说符合完形疗法的话，达到老师的正确标准。很少有人质疑：完形疗法也只是一个工具，我们用它来帮助自我觉察、自我成长就好，为什么这个工具会变成衡量团体中每个成员的正确标准呢？当然，假如真有人这么公开质疑的话，结果很可能是其他学员联合起来把他赶出团体。甚至会有学员情绪激动地控诉，仿佛质疑者是阶级敌人，与团体之间有不共戴天之仇。本来是一群希望认识自己的人聚在一起学习，而一旦进入紧密的团体，就纷纷放弃了独立思考，服从团队意识形态，排斥那些不符合团体标准的人。

这个过程听上去挺可笑，但实际上我也陷进去了。我比较擅长学习和掌握新知识，所以刚进入完形团队不久，很快就掌握了说话技巧。当听到某些学员说了半天也不符合规则时，我也曾嘲笑他们，心里也升起过优越感。那一刻，我觉察到自己失去了人的理性和同理心，放弃了独立思考的精神，还自以为正确、聪明。那个时候，我已经不再是活生生的人。

我开始自我分析：为什么我会陷入这个团体正确的标签里？因为我从没有信任过我的父母，所以我的内在一直有一个剧情妄想：我渴望有一对好父母，能够得到他们的认可，能够信任他们，把自己交托给他们。在完形团体里，我不自觉地把老师投射成"好父母"，把自己投射成"好孩子"，我遵从他的教导，渴望得到他的认可。于是在这个剧情中，我放弃了作为一个独立的人的思考和感受。

幸运的是，我很快觉察到自己失去内在中心的状态，觉察到自己被团体动力固化的状态。于是，我停止了这个进程，并且跟几个人一起进行反思。我自己带领工作坊的时候，也常常保持警觉和自我提醒。比如，我提倡学员们自我负责、自我觉察，但不把这些变成工作坊的"团体正确"，即不让学员产生"谁表现得更自我负责、觉察力更高，谁就更正确，更能得到李雪老师认可"这种团体倾向。

形成团体的目的，不是为了成为更正确的人，而是为了更真实地做自己。每一个人的每一种面相，都可以在团体中呈现出来，被看见、被觉知。大家透过彼此的照见，来解开自己身上的枷锁。活得越真实、越自在，自然就会具有越强大的自我负责能力和越高的觉察力。成长，是一个自然而然被爱照见的结果，而不是拼命追求所谓更好、更正确的自己。

怎样阻止平庸的恶？警惕团体正确，保持独立思考，保持人的本性。

有问题想得到李雪亲自回答吗？

微信扫描图片进入"初心社区"小程序，

向李雪提问吧！

图书在版编目（CIP）数据

走出剧情 / 李雪著 . -- 北京 : 北京联合出版公司，
2018.12（2025.11 重印）

ISBN 978-7-5502-9490-5

Ⅰ.①走… Ⅱ.①李… Ⅲ.①个性心理学 Ⅳ.
①B848

中国版本图书馆 CIP 数据核字（2018）第 257320 号

走出剧情

作　　者 : 李　雪
出 品 人 : 赵红仕
选题策划 : 先后出版
策划编辑 : 朱　笛
责任编辑 : 史　媛
特约编辑 : 李慧佳
内文插画 : 卷　耳
装帧设计 : 熊　琼

北京联合出版公司出版
（北京市西城区德外大街 83 号楼 9 层　100088）
三河市中晟雅豪印务有限公司印刷　　新华书店经销
字数 140 千字　　880 毫米 ×1230 毫米　　1/32　　8.25 印张
2018 年 12 月第 1 版　　2025 年 11 月第 21 次印刷
ISBN 978-7-5502-9490-5
定价 : 56.00 元